建筑装修工人技能速成系列

装修镶贴工实用技能

全图解

王玉宏　主编

化学工业出版社

·北京·

本书以装修施工现场实际操作图解的方式，生动、形象地讲解了装修镶贴工程的基本知识与操作技能。本书共分为三章，主要包括：装修镶贴工基本常识、装修镶嵌工实用技能、镶贴工岗位安全知识方面的内容。本书内容简明扼要、通俗易懂、图文并茂，为了与实际工作相结合，书中还设有"经验指导"版块，用实际经验指导读者掌握装修镶贴工技巧。

本书适合装饰装修行业的镶贴工或需要进行镶贴施工的业主阅读和参考，也适合镶贴工自学者、进城务工人员、回乡或下乡家装建设人员阅读，也可供相关学校作为培训教材使用。

图书在版编目（CIP）数据

装修镶贴工实用技能全图解/王玉宏主编. —北京：
化学工业出版社，2018.6
（建筑装修工人技能速成系列）
ISBN 978-7-122-31950-0

Ⅰ.①装… Ⅱ.①王… Ⅲ.①住宅-室内装修-图解
Ⅳ.①TU767-64

中国版本图书馆 CIP 数据核字（2018）第 074137 号

责任编辑：彭明兰
责任校对：边　涛　　　　　　　　　　　　装帧设计：刘丽华

出版发行：化学工业出版社（北京市东城区青年湖南街 13 号　邮政编码 100011）
印　　刷：三河市延风印装有限公司
装　　订：三河市宇新装订厂
710mm×1000mm　1/16　印张 9　字数 197 千字　2018 年 7 月北京第 1 版第 1 次印刷

购书咨询：010-64518888（传真：010-64519686）　售后服务：010-64518899
网　　址：http://www.cip.com.cn
凡购买本书，如有缺损质量问题，本社销售中心负责调换。

定　　价：39.80 元

前言

  建筑装饰行业是建筑业中的三大支柱性产业之一，同时它也是一个劳动密集行业。随着房地产行业的逐步兴起，建筑装饰行业已经明显地显出其巨大的发展潜力。镶贴工作为建筑装饰中的重要工种，发挥着十分重要的作用。而实际上，装饰镶贴工程施工过于复杂，十分难懂，如果单纯依靠书本上的理论知识，对于初学者而言，还是很难理解的。因此，为了培养出大量合格的建筑装修人才，同时也为了促进建筑装饰行业的发展，我们编写了此书。

  本书以装修施工现场实际操作图解的方式，生动、形象地讲解了装修镶贴工程的基本知识与操作技能。全书共分为三章，主要讲述了装修镶贴工基本常识、装修镶嵌工实用技能、镶贴工岗位安全知识方面的内容。本书技术内容先进、实用性强，文字通俗易懂，语言生动，并辅以大量直观的图片，能满足不同文化层次的技术工人和读者的需要。

  本书由王玉宏主编，参加编写的还有于涛、王红微、王媛媛、付那仁图雅、刘亚莉、刘艳君、孙石春、孙丽娜、齐丽丽、白雅君、齐丽娜、张家翱、张黎黎、李东、李瑞、董慧、何影等人员。

  由于编者水平有限，书中疏漏之处在所难免，敬请广大读者批评指正。

编 者

2018.2

目录

1

装修镶贴工基本常识

1.1 常用材料

1.1.1 镶贴面材

1.1.1.1 石材

（1）人造石材（图1-1）

① 树脂型人造石材 它是以不饱和聚酯树脂为胶结剂，与天然大理石碎石、石英砂、方解石、石粉或其他无机填料按照一定的比例配合，再加入催化剂、固化剂以及颜料等外加剂，经混合搅拌、固化成型、脱模烘干以及表面抛光等工序加工而成。使用不饱和聚酯的产品光泽好、可加工性强、颜色鲜艳丰富、装饰效果好。这种树脂黏度低，易于成型，常温下可固化。室内装饰工程中采用的人造石材主要为树脂型的。

图 1-1　人造石材

② 复合型人造石材 该人造石材采用的黏结剂中，既有有机高分子材料，又有无机材料。其制作工艺是：先用水泥以及石粉等制成水泥砂浆的坯体，再将坯体浸于有机单体中，使其在一定条件下聚合而成。复合型人造石材制品的造价较低，但是它受温差影响，聚酯面易剥落或开裂。

③ 硅酸盐人造石材 是以各种水泥为胶结材料，砂和天然碎石粒为粗细骨料，经配制、搅拌、加压蒸养、磨光以及抛光后制成的人造石材。配制过程中，混入色料，可制成彩色水泥石。水泥型石材的生产取材方便、价格低廉，但是其装饰性较差。水磨石和各类花阶砖即属此类。

④ 烧结型人造石材 生产方法和陶瓷工艺相似，是把长石、石英、辉绿石以及

方解石等粉料和赤铁矿粉，以及一定量的高岭土共同混合，通常配比为石粉60%，黏土为40%，采用混浆法制备坯料，用半干压法成型，再在窑炉中通过1000℃左右的高温焙烧而成。烧结型人造石材的装饰性好、性能稳定，但需经高温焙烧，所以能耗大、造价高。

（2）天然石材　天然石材为大理石、花岗岩的总称，是从天然岩体中开采而来，它是经矿山开采出来的大块荒料，经过锯切、研磨、酸洗、抛光，最后按所需要的规格、形状切割、加工而成。从广义上来说，以纹理为主的叫做大理石；以点斑为主的叫做花岗石。从狭义上来说，大理石是指云南大理出产的石材。

① 天然花岗石（图1-2）　为从火成岩（也叫酸性结晶深成岩）中开采的典型的成岩石，经过切片、加工磨光、修边后或为不同规格的石板。由长石、石英以及云母组成，其成分以二氧比硅为主，占65%～75%，岩质坚硬密实，属酸性石材。这种岩石中正长石、斜长石以及石英等基本矿物形成晶体时，呈粒状结构，称之为花岗岩。天然花岗石质地坚硬、耐酸、耐磨、耐冻、不易风化变质，外观色泽可保持百年以上，所以多用于墙基础和外墙饰面。

② 天然大理石（图1-3）　为地壳中原有的岩石经过地壳内高温高压作用形成的变质岩。地壳的内力作用促使原来的各类岩石发生质的变化。质的变化指的是原来岩石的结构、构造以及矿物成分的改变。经过质变形成的新的岩石类型叫做变质岩。大理石主要由方解石、石灰石、蛇纹石以及白云石组成。其主要成分以碳酸钙为主，约占50%以上。其他还有氧化钙、碳酸镁、氧化锰及二氧化硅等。

图 1-2　天然花岗石

图 1-3　天然大理石

由于大理石一般均含有杂质，而且碳酸钙在大气中受二氧化碳、碳化物以及水汽的作用，也容易风化及溶蚀，而使表面很快失去光泽。只有极少数的质纯、杂质少的比较稳定耐久的品种可以用于室外，如艾叶青、汉白玉等，一般用于室内墙面、柱面、栏杆以及楼梯踏步花饰雕刻等装饰装修，也有少量用于室外装饰。

1.1.1.2　陶瓷面砖

（1）按用途分类　陶瓷面砖（图1-4）可按照其用途（使用部位）可分为地面砖与墙面砖。

图 1-4　陶瓷面砖（无缝砖）

① 地面砖　主要是用于室内及室外地面的装饰，具有较强的冲击性与耐磨性，吸水率低，抗污能力强。其主要品种有无釉亚光地砖、彩釉地砖、瓷质砖和广场砖。

② 墙面砖　又分为外墙砖与内墙砖。

外墙砖一般用于建筑面的外立面，外墙砖本身具有色彩鲜艳、坚固耐用、易清洗、防水、耐磨以及耐腐蚀等特点，且具有一定的抗冻性、抗风化能力和耐污染性能。

内墙砖是用于卫生间及厨房等室内墙体的有釉砖，釉层比较厚，所以又称"釉面砖"。内墙砖对釉面的平整度、光滑度要求非常高，这样才有便于日常的清洁。正是因为对釉面要求高的原因，内墙砖的胎体是陶质的。

从生产工艺上，又分为一次烧成内墙砖与二次烧成内墙砖。一次烧成内墙砖吸水率稍低（通常为12%～17%），但是抗后期釉裂性能好。二次烧内墙砖吸水率稍高（通常为15%～20%），釉面质量好，但抗后期釉裂性能相对较差。

（2）按吸水率高低分类　陶瓷面砖是以黏土为主要原料，以多种天然矿物通过粉碎混炼、成型、煅烧而成。在装饰材料市场上所见到的各类面砖，一般分为陶质砖、瓷质砖和半瓷质砖（又称炻砖）。陶质砖密度小，吸水率一般大于10%，不透明，断面粗糙，轻击时声音粗哑。瓷质砖坯体致密，几乎接近玻化，吸水率小于0.5%，断面如贝壳状，具有一定的半透明性，强度比较高，耐磨性好。半瓷质砖的各方面性能均介乎于两者之间，在0.5%～10%之间。瓷砖吸水率分类见表1-1。

表1-1　瓷砖吸水率分类

分类	陶质砖	半瓷质砖（炻砖）			瓷质砖
		炻质砖	细炻质砖（仿古砖）	炻瓷质砖	
吸水率	＞10%	6%～10%	3%～6%	0.5%～3%	＜0.5%

因半瓷质砖其坯体细密性、均匀性以及粗糙程度分为粗炻砖与细炻砖两大类。在建筑装饰领域所使用的外墙砖、地砖都属于粗炻砖的范畴。

（3）按工艺分类　按工艺分类又分为仿古砖（图1-5）、釉面砖（图1-6）、通体砖、抛光砖、玻化砖、陶瓷锦砖。

① 仿古砖　又叫做古典砖、复古砖，最早源自于欧洲的上釉砖。仿古砖是从彩釉砖演化而来，实质上是上釉的瓷质砖。和普通的釉面砖相比，其差别主要表现在釉料的色彩上面，仿古砖属于瓷质砖类，

图1-5　仿古砖

和磁片基本是相同的。所谓仿古，是指砖的效果，确切来讲应该称为仿古效果的瓷砖。仿古砖在烧制过程中，技术含量要求相对比较高，数千吨液压机压制之后，再通过上千度高温烧结，使其强度高，具有极强的耐磨性，经过精心研制的仿古砖兼具了防水、防滑以及耐腐蚀的特性。仿古砖仿造以往的样式做旧，以带着古典的独特韵味吸引着人们的目光，为体现岁月的沧桑、历史的厚重，仿古砖通过颜色、样式、图

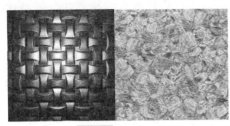

图 1-6　釉面砖

案，营造出怀旧的氛围。

仿古砖的规格较多，各厂家生产出厂的也不尽相同，比较常见的规格为 100mm×100mm、150mm×150mm、200mm×200mm、300mm×300mm、400mm×400mm、500mm×500mm、30mm×60mm、600mm×600mm 等，常见厚度为 5～10mm 不等。

② 釉面砖　是在胚体表面加釉烧制而成的。主体又分陶体与瓷体两种。用陶土烧制出来的背面呈红色，瓷土烧制的背面呈灰白色。釉面砖表面能够做成各种图案和花纹。比抛光砖色彩和图案更加丰富，但是耐磨性不如抛光砖和玻化砖。釉面砖由于色彩图案丰富，防滑性能好，通常被用于厨房、卫生间及阳、露台。

釉面砖按原材料的不同可以分为瓷质釉面砖与陶质釉面砖。瓷质釉面砖由瓷土烧制而成，吸水率较低，一般强度相对较高，主要特征是背面为灰色或者白色。按图案和施釉特点可分为白色釉面砖、图案砖、彩色釉面砖、色釉砖等。陶质釉面砖由陶土烧制而成，吸水率较高，一般强度相对比较低，主要特征为背面呈黄色或红色。

釉面砖瓷含量低，但是表面喷了釉质，因此漂亮而且防污性好；主要用在厨卫墙地面和卫生间墙面。釉面砖在颜色效果方面比较多样化，防污、防滑，但耐磨性能不强，长久使用表面可能磨损大。复古釉面砖，表面纹理处理更为出色美观，从材质上来说要比普通釉面砖玻化的程度高。

釉面砖规格很多，比较常见规格为 100mm×100mm、152mm×152mm、200mm×200mm、250mm×250mm、152mm×200mm、200mm×300mm、250mm×330mm、330mm×380mm、300mm×450mm 等，常规厚度是 5～8mm，大规格的厚度是 8～12mm 不等。

③ 通体砖　通体砖（市场上俗称为玻化砖、抛光砖等）为一种不上釉的瓷质砖，有很好的防滑性和耐磨性。通体砖是把岩石碎屑经过高压压制而成，表面抛光后坚硬度可与石材相比，吸水率更低，耐磨性好。通体砖的表面不上釉，而且正面和反面的材质和色泽一致，因此得名。由于室内设计越来越倾向于素色设计，所以通体砖也越来越成为一种时尚，被广泛应用于厅堂、过道以及室外走道等装修项目的地面，但较少使用于墙面。

a. 玻化砖（图 1-7）。属通体砖的一种，为一种强化的抛光砖，已基本玻化，是全瓷质砖。玻化砖由石英砂、泥按照一定比例烧制而成，质地比抛光砖更硬、更耐磨。因为制造工艺的区别，所以其致密程度要比一般地砖更高，其表面光洁但是又不需要抛光。玻化砖与抛光砖的主要区别就是吸水率，吸水率

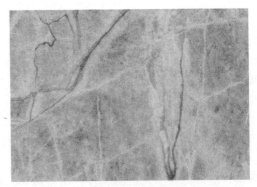

图 1-7　玻化砖

低于0.5%的称为玻化砖。玻化砖表面如玻璃镜面一样光滑透亮，为所有瓷砖中最硬的一种，其在边直度、吸水率、弯曲强度、耐酸碱性等方面都优于普通釉面砖、抛光砖及一般的大理石。玻化砖具有色彩艳丽柔和，无明显色差；厚度相对较薄，抗折强度高；无有害元素；砖体轻巧，建筑物荷重减少；理化性能稳定，耐腐蚀、抗污性强，历久如新等优点。

玻化砖常用规格有500mm×500mm×(8～10)mm、600mm×600mm×10mm、800mm×800mm×12mm、1000mm×1000mm×(12～15)mm、1200mm×1200mm×15mm。

b. 抛光砖（图1-8）。就是通体砖坯体的表面通过打磨/抛光处理而成的一种光亮的砖，属于通体砖的一种。相对于通体砖而言，抛光砖的表面要光洁得多。抛光砖坚硬耐磨，适合在除洗手间、厨房以外的多数室内空间中使用。在运用渗花技术的基础上，抛光砖能够做出各种仿石、仿木效果。但是抛光砖易脏，防滑性能也不是很好。抛光砖具有无放射元素，不会对人体造成伤害；抗弯曲强度大，不易变形；同批产品花色一致，基本无色差；砖体薄、重量轻，便于运输、铺贴等优点。

图 1-8　抛光砖

抛光砖常用规格有500mm×500mm×8mm、600mm×600mm×10mm、800mm×800mm×(10～12)mm、600mm×1200mm×(10～15)mm、1000mm×1000mm×(12～18)mm、1200mm×1200mm×20mm。

④ 陶瓷锦砖　又名马赛克，它具有规格多、薄而小、质地坚实、色泽多样、经久耐用、耐酸、耐碱、耐磨、耐火、抗压力强、不易破碎、吸水率小、不渗水、易清洗等优点，可用于工业与民用建筑的洁净车间、门厅、走廊、餐厅、浴室、厕所、工作间、化验室等处的地面和内墙面，并可以作高级建筑物的外墙饰面材料。马赛克其单颗的单位面积小，色彩种类繁多，具有无穷的组合方式，能把设计造型和设计的灵感表现得淋漓尽致，尽情展现出其独特的艺术魅力及个性气质。

这种制品出厂前已按照各种图案反贴在牛皮纸上，每张约30cm²，称为一联，其面积约为0.093m²，每40联为一箱，每箱约3.7m²。施工时把每联纸面向上，贴在半凝固的水泥砂浆面上，用长木板压面，使之粘贴平实，当砂浆硬化之后洗去皮纸，即显出美丽的图案。

马赛克可分为陶瓷马赛克、玻璃马赛克、石材马赛克、金属马赛克、贝壳马赛克，这些大类之下又分很多小类。

a. 陶瓷马赛克（图1-9）。它是由陶瓷生产工艺生产出来的一种马赛克，原料是喷雾造粒后的粉状小颗粒，经压机成型之后入窑一次烧成（也有上釉后再入窑烧制）。陶瓷马赛克可以做出不同的颜色、不同的表面光泽度效果，陶瓷马赛克为在陶瓷坯体表面上了一层釉，相当于很小块的不透明的瓷砖，为最传统的一种马赛克。多用在外

图 1-9　陶瓷马赛克

墙和厨卫，具有防水、防潮、耐磨、易清洁、强韧性、高强度、耐热冲击等优点。

b. 玻璃马赛克（图 1-10）。又称为玻璃锦砖，为一种小规格的彩色饰面玻璃。玻璃马赛克有很久的历史，由玻璃生产工艺生产出来，先在玻璃熔炉内把原料熔化成液态，再将其冷却成型，从而形成不同颜色、表面光亮的产品。玻璃马赛克是在平板透明的玻璃背面贴了一层花，从正面看和陶瓷马赛克有点像，但从侧面看就是透明的。玻璃马赛克具有色泽鲜艳、脆性和热冲击差等特点。

c. 石材马赛克（图 1-11）。石材马赛克为中期发展的一种马赛克，由天然石材经过特殊工艺制造而成，本身并未加入任何化学染料，但耐酸碱性差、防水性能不好，因此市场反映一般。石材马赛克主要用于墙面和地面的装饰，被广泛应用于宾馆、酒店、车站、酒吧、游泳池、娱乐场所、居家墙地面以及艺术拼花等。石材马赛克具有成本价格低、使用安全、放射性很小、易于加工等特点。

图 1-10　玻璃马赛克

图 1-11　石材马赛克

d. 金属马赛克（图 1-12）。金属马赛克包括均布的铝合金块和其底面的粘接网布，其铝合金块表面设置有增光、护光的增硬膜，增硬膜表面设置有研磨而成的光泽花纹层。铝合金块是正方形或者长方形，块与块拼接有间隔或无间隔，等高或者不等高之分。铝合金块的截面为槽钢形或拼接的双槽钢形，几种颜色的铝合金块交错配置。金属马赛克具有较高的强度、硬度、保光性、闪光性、罩光性、耐蚀性和耐磨性、防锈防油、清洗容易、护光能力卓越、附着力强、保色效果好、耐盐雾、耐高温、抗划伤，且环保、阻燃、防爆裂等特点。

e. 贝壳马赛克（图 1-13）。为近年来非常流行的室内装饰材料。天然贝壳通过切割、刨光、特殊工艺染色、打蜡制成，具有极高的透光性、环保、手感光滑以及色彩绚丽等特点。

马赛克常见规格有 20mm×2mm、25mm×25mm、30mm×30mm 和 18.5mm×

图 1-12　金属马赛克

图 1-13　贝壳马赛克

18.5mm、39mm×39mm 等多种，厚度根据不同的系列有 4～5mm 不等，通常情况下单块砖边长不大于 50mm。除正方形外还有长方形或者异形收边等品种。

墙地砖的品种创新很快，如麻面砖、劈离砖、渗花砖、玻化砖、大幅面幕墙瓷板等都是常见的陶瓷墙地砖的新品种。

1.1.1.3　复合环保材料

人造石材是由天然石材经过加工处理，粉碎之后在高温高压下强化聚合而成。人造石材的含石量通常都在 90% 以上，为一种环保型的材料。目前市场上的人造石材主要为进口的产品及合资产品。比起天然石材，人造石材缺少了自然天成的纹路及肌理，但是也有其优越的特点。同种类型人造石材无色差与纹路的差异，用户在选购时不用担心由于存在色差而影响整体铺设效果。而且人造石材表面无孔隙，油污、水渍不易渗入其中，抗污力强，容易清洁。人造石材的主要材料是用石粉加工而成的，比天然石材薄，本身重量比天然石材轻，能够使楼体承重减轻，在搬运时也更加方便。

（1）石材复合板（图 1-14）

① 复合板的分类。复合板可按面材岩石、基材种类、基材性质以及装饰区域分类。

a. 按面材岩石分，有大理石复合板、花岗岩复合板、玉石复合板以及人造石复合板。

b. 按基材种类分，有石材-石材复合板、石材-瓷砖复合板、石材-硅酸盐复合板、石材-铝塑板复合板、石材-铝蜂窝复合板、石材-塑料复合板、石材-玻璃复合板、石材-金属复合板、石材-保温材料复合板及石材-木材复合板。

图 1-14　石材复合板

c. 按基材性质分，有软质基材复合板、硬质基材复合板。

d. 按装饰区域分，有室外装饰石材复合板（基材种类的前三种）、室内装饰石材复合板（基材种类的全部种类）。

② 石材复合板的特点。石材复合板是把天然石材、人造石材与其他不同材质的板材，通过胶黏剂粘接而成的一种新型环保装饰材料。其表层常常选用图案清晰、美

丽多彩的石材品种，运用于镶贴工的复合环保基材（一般为石材、瓷板、硅酸钙板、铝塑板、玻璃、铝蜂窝板、塑料及其他环保保温型材料）。天然石材环保复合板既保持了表面美丽丰富的色彩与变化万千的花纹，又大大改变了天然石材的性能，还具备了强度高、重量轻、易弯曲、不易污染、隔声防潮、保温节能等特点，同时，某些品种与通体板比较，单价、成本也有所降低，所以颇受设计师和广大消费者的青睐。

　　注：柔性石材是一种用天然石粉、黏土、植物胶、皂角、天然颜料、去离子水、化纤网格面等复合而成的装饰石材。这种柔软的石材薄型板可以贴附在多种基材上，起到了既节约石材资源又极具装饰的双重效果。同时，具有防菌、防虫等功效。

　　（2）石英石树脂复合板（图1-15）　石英石树脂复合板是通过90％以上的石英石填料加百分之几的树脂及辅料在真空振动加压成型而成，因为石英石在生产配方中含量较高，所以也称之为人造石英石复合板。

图 1-15　石英石树脂复合板

现在石英石树脂正逐渐替代人造石板材，而树脂石英石的主要材料为石英，色彩丰富的组合使其具有天然石材的质感及美丽的表面光泽。石英石树脂复合板色彩多样，别具特色，能够广泛应用于公共建筑（酒店、餐厅、银行、展览、医院、实验室等）和家庭装修（厨房台面、洗脸台、厨卫墙面、茶几、餐桌、窗台、门套等）领域，为一种无放射性污染、可重复利用的环保、绿色新型建筑室内装饰材料。石英石的质量好坏与树脂的含量多少有直接的关系。在石英石中树脂含量越低，石英的含量越高，质量就越好，越接近天然，越不易变形。

　　而石英石＋树脂浮雕产品更适用于艺术墙背景，如电视背景、沙发背景以及床头背景等，为目前日趋流行的新型装饰材料。原材料采用天然石英石＋树脂，经真空成型、打磨以及上色，营造出古典、现代、自然的装饰效果。具有不剥落、抗冻性强、无辐射等优点，让众多的消费者充分享受一种回归自然的感觉。

　　（3）微晶玻璃陶瓷复合板（图1-16）　微晶玻璃陶瓷复合板为玻璃、陶瓷以及石材"三合一"产品，也是微晶玻璃板材的第二代高科技新产品。它具有良好的美感、质感以及立体感，可以广泛适用于建筑物外墙干挂、内墙铺贴或地面装饰。微晶玻璃陶瓷复合板具有光泽度高、高硬度、高强度、化学稳定性好、不吸水、耐污染、免维护、抗热震性好、抗冻性好、色泽丰富、无色差、不褪色、使用寿命长、环保性能优、成本价格低廉以及不含放射性元素等优点，为现代装饰市场上较为安全的绿色环保型材料。

图 1-16　微晶玻璃陶瓷复合板

1.1.2 粘贴材料

1.1.2.1 水泥砂浆

（1）砂（沙）（图 1-17） 粒径小于 4.7mm、大于 150μm 的骨料统叫做细骨料，简称砂或者沙。砂，指的是采用机械破碎的小颗粒物。沙，往往是指经自然侵蚀、风化或者岩石经流水冲刷后所形成的小颗粒物。砂（沙）的粗细程度通常用细度模数表示，一般情况下，砂（沙）的粗细按粗、中、细进行分类，室内装饰镶贴通常采用中砂较为合适，使用前应过筛处理。砂（沙）的粗细分类见表 1-2。

图 1-17 砂

表 1-2 砂（沙）的粗细分类

种类	粗		中		细	
分类	细度模数	平均粒径	细度模数	平均粒径	细度模数	平均粒径
规格	3.7～3.1	10.5mm 以上	3.0～2.3	0.5～0.35mm	2.2～1.6	0.35～0.25mm

注：在我国沿海地区盛产海沙，成本也相对比较低，但海沙一般不能用于装饰装修工程施工。由于海沙盐分含量高，容易起化学反应，会对工程质量造成严重的负面影响。而山砂含有大量的泥土和杂质，洁净程度和凝结强度都不能符合装饰装修的要求，所以，这两种砂（沙）都应拒绝采用。

图 1-18 水泥

（2）水泥（图 1-18） 水泥呈粉末状，同水搅拌后形成可塑性浆体，通过物理、化学变化过程浆体能变成坚硬的石状体，并能把散粒状（颗粒状）的材料胶结成为整体，是用于室内装饰镶贴的良好用材。比较常用的有硅酸盐水泥、掺混合材料的硅酸盐水泥、彩色水泥以及建筑白色水泥等。

（3）水 凡是可饮用的水均可以采用。未经处理的工业废水、污水都不得直接使用。

（4）水泥砂浆 水泥、砂子以及水的混合物叫水泥砂浆。一般所说的 1∶2 的水泥砂浆是用 1 份水泥和 2 份砂配合，实际上忽视了水的成分，水泥砂浆中的水用量通常在 0.6 左右比例，即应成为 1∶2∶0.6，水泥砂浆的密度是 2000kg/m³。砂浆的标号为 M2.5、M5、M7.5、M10、M12.5、M15、M20、M25、M30、M40 等。砂浆根据用途分有砌筑砂浆、抹灰以及镶贴砂浆等。

1.1.2.2 黏合剂与辅材

黏结剂又叫做胶黏剂、黏合剂以及粘接剂等，指的是能直接将两种不同的材料牢固地黏结在一起的一种物质，其形态一般为膏状液态。

随着合成化学工业的不断发展，各种合成黏结剂不断涌现，并且由一般的黏结性能逐渐向功能性发展，具有耐低温、耐热、阻燃、绝热以及高强耐久等性能，其硬化方式也多种多样，如低温固化、湿面固化、湿气固化、油面固化和紫外固化等。黏结剂已成为建筑装饰领域不可或缺的材料。

黏结剂品种繁多，分类的方法也很多，到目前为止还没有完全统一的分类方法，比较常用的分类方法通常按材料性质、固化条件、外观状态以及用途进行分类，也可以按溶剂型、水基型以及本体性分类。

对于瓷砖、石材等线膨胀系数较小的材料，应当优先考虑选用弹性好、黏结强度高，可以在室温下固化的黏结剂。

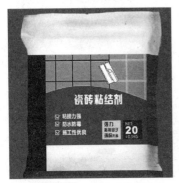

图 1-19　瓷砖黏结剂

（1）瓷砖黏结剂（图 1-19）　瓷砖黏结剂也叫做瓷砖胶，为一种高品质、粘贴力极强的改性聚合物瓷砖石材黏结剂。它是以优质的水泥及优质的石英砂和聚合物胶黏剂为主料，加上配比准确的各种添加剂经混合机搅拌均匀混合而成的粉状黏结材料。该产品具有一定的柔韧性，从根本上解决建筑装饰装修中所存在的空鼓、开裂、脱落以及渗漏等弊病。对低吸水率的陶瓷墙面砖、完全玻化的瓷砖和各种类型的天然石料等，均具有良好的黏结性能。其具有拉拔强度高、抗滑移性好、工艺成本低、施工更安全、快捷、方便，对人体健康无害等特点。该产品不含游离甲醛、苯、甲苯、二甲苯以及总挥发性有机物，为一种高效环保的绿色建材。

瓷砖黏结剂的黏结厚度及凝固时间见表 1-3。

表 1-3　瓷砖黏结剂的黏结厚度及凝固时间

项目	墙面石材	墙面砖	地面砖
黏结厚度/mm	4～6	3～4	4～6
初凝时间/h	5～6		
终凝时间/h	24		

（2）胶泥（图 1-20）　胶泥为众多瓷砖黏结材料中的一种，是一种聚合物改性的水泥基陶瓷砖专用黏结剂，其施工操作性能、黏结性能等较之传统的水泥砂浆有大幅改善，具有较高的机械强度及优越的粘接性能，尤其在砌筑花岗岩块材、耐酸瓷砖、瓷板与水泥的粘接力大于母体。它具有无需浸砖，施工快捷；薄层施工、减轻自重；无毒环保、使用方便；黏结力强、不易空鼓；耐候、耐水性好等优点。适用于室内外混凝土、抹灰基面、砖墙面上粘贴陶瓷、普通瓷砖、马赛克以及小型天然石材。

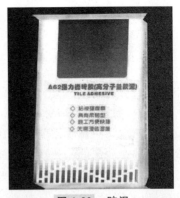

图 1-20　胶泥

（3）石材干挂胶（图1-21） 石材干挂胶通常为双组分环氧树脂，其主要成分有环氧树脂和促进剂。使用时先把两种成分进行混合搅拌，促进剂的多少决定了固化时间的长短，所以要注意促进剂的用量。石材干挂胶是石材与石材、石材与墙体、石材与金属的粘接，具有十分稳定的安全性。

（4）云石胶（图1-22） 云石胶一般称为AB胶，由两种成分组成，所以也被叫双组分胶。它主要特点是放热性好，经A、B组分混合后短时间内就可硬化，但是硬化反应后的体积收缩率会由于配方的不同而出现差异。由于云石胶的抗拉强度不是很高，因此它不适合作为石材与其他材料的结构性黏结，如瓷砖与混凝土、瓷砖与瓷砖、石材与混凝土、石材与石材、石材与钢材等。所以，一般只适合于石材孔洞、较大的裂缝填补及干挂缝隙的填补。

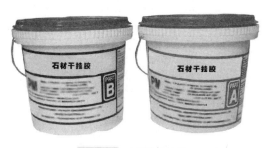

图 1-21 石材干挂胶

图 1-22 云石胶

（5）工程胶（图1-23） 工程胶也是一种环氧树脂聚合物产品，混合之后属水溶性产品。按A、B等量双组分混合使用，可以直接涂抹粘贴，是可以不需要任何金属配件就可以直接干挂石材的黏结胶。这类工程胶分为透明型、慢干型以及快干型三类，具有良好的抗震、抗拉、抗压、抗冲击性能，有较强的韧性和伸缩性，适应范围广、抗老化、黏结度强、耐候性稳定、适应性强、无毒以及无害等优点，因而广受欢迎。

（6）液体网格布（图1-24） 液体网格布是基础处理施工中的一种防开裂新型黏结材料。适用于室内墙面电线槽处、涂装接缝处、新旧墙交接处接缝等。液体网格布是单组分膏状浆料，直接批刮于硅酸钙板、砂浆墙面，干透后形成表面粗糙，具有不透黄、不龟裂、不脱落之功效，操作简便，无毒环保。

图 1-23 工程胶

图 1-24 液体网格布

（7）美缝剂（图1-25） 美缝剂是瓷砖填缝剂的升级产品，能够彻底解决瓷砖黑缝的难题，让瓷砖缝永久光鲜亮丽。美缝剂是由多种高分子聚合物与高档颜料精制而成，凝固后的瓷砖缝会形成光洁如瓷的洁净面，具有强度高、黏结性能好、耐磨、防水、防油、防污、易清洁、使用寿命长以及不褪色等优异性能。色系有纯白、象牙白、月光银、蓝宝石、镏金色、金属灰、贵族灰、黑珍珠等。从视觉上，美缝剂给家居装修带来全新的感觉，不会由于瓷砖的缝隙影响到家居的美观，涂抹美缝剂之后质感细腻，色泽均匀牢固，有很强的装饰效果，如图 1-26 所示。

图 1-25　美缝剂

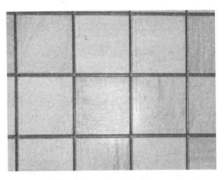

图 1-26　美缝后的效果

图 1-27　填缝剂

（8）填缝剂（图 1-27）　瓷砖填缝剂是使用精致石英砂、优质水泥、填颜料以及助剂等材料经过先进生产工艺复合而成，使颜色更鲜艳持久与墙面砖协调统一，具有黏结力好、强度高、低吸水率、防渗、抗裂、防霉以及防返碱等技术特性和优良的应用性能。瓷砖填缝剂按组成的不同可以分为有砂型填缝剂与无砂型填缝剂两大类。

① 有砂型填缝剂。主要适用于室外各种类型的瓷砖、石材以及马赛克等的填缝处理，适用于连接缝在 3～12mm 的填缝施工。同瓷砖、石材等装饰材料相配比，提供美观的表面与饰面砖之间的黏结、防渗等，还能减少整个墙壁或地板覆盖材料内的应力，保护瓷砖基层材料免受机械损坏与水渗透进整个建筑所带来的负面影响。

② 无砂型填缝剂。是由普通硅酸盐水泥、特种水泥、高分子聚合物材料、填颜料、超细填充料、保水剂、憎水剂以及抗返碱剂等材料复合而成，能使颜色更鲜艳持久，与墙面砖协调统一，具有美观与防渗、抗裂、防霉以及防返碱的完美组合。勾缝剂要求有良好的憎水性能，在硬化状态下，形成憎水效果，同时具有较强的抗水性和较低的吸水率，可以有效地防水、防渗漏。

（9）十字扣（图 1-28）　十字扣是用于瓷砖留缝铺贴的辅助材料，市面上十字扣的规格有 1.5mm、2mm、2.5mm、3mm 等。贴瓷砖时，边贴边用十字扣调整瓷砖缝隙，使得每条砖缝均匀一致，如图 1-29 所示。

图 1-28　十字扣

图 1-29　用十字扣调整瓷砖缝隙

1.2　装修镶嵌工常用工具

1.2.1　常用手工工具

泥水工程接触的都是硬质材料，如石、砖、混凝土等。在过去现场裁剪硬质材料几乎是不可能实现的。随着电动工具的发展，现在可以随着现场的尺寸需要进行现场裁切，增加了施工的灵活性和方便性。

1.2.1.1　水平尺

水平尺（图 1-30）主要用来检测或者测量水平度和垂直度，长度从 10～250cm有多个规格。水平尺材料的平直度与水准泡质量，决定了水平尺的精确性和稳定性。

在泥水施工中，水平尺主要用于在地面与墙面铺装时调整水平度和垂直度，确保完成面在同一个水平高度和垂直面上。

图 1-30　水平尺

1.2.1.2　砖刀、泥刀、砂板

此三样工具为泥水施工必不可少的随身小工具：砖刀（图 1-31）形似菜刀，无刀锋，刀身较厚，用于砍断石块和砌墙施工；泥刀（图 1-32）形似小铲子，表面光滑，铁皮轻薄，用于墙面的水泥砂浆批荡，地面找平和收光、压光等施工；砂板（图1-33）通常为塑料材质或木质，塑料材质板面满布细小的凹洞，木板材质表面为原木，质地粗糙，被用于墙面的戳毛、打花，方便后续的贴砖及扇灰施工。

图 1-31　砖刀　　　　　　　图 1-32　泥刀　　　　　　　图 1-33　砂板

1.2.1.3　灰桶

灰桶（图1-34）为橡胶材质或者塑料材质，用于盛装水泥砂浆，柔韧性十分好，可随意抛丢而不会破损，大大加快了泥水工在高空作业时材料的传递速度。

1.2.1.4　橡皮锤

橡皮锤（图1-35）为泥水工贴砖的必备工具，由手柄及橡皮锤头组成，在铺装时橡皮锤既可以敲击石材表面进行找平，又不会损坏石材及发出太大的噪声。当然，在铺贴瓷砖时敲击力度还是不能太大，否则瓷砖还是会崩裂。

1.2.1.5　铁锹

铁锹（图1-36）为一种扁平半圆尖头，为适于用脚踩入地中铲土的工具，由宽铲斗或者中间略凹的铲身装上平柄组成，在泥水施工中被用于搅拌水泥砂浆。

图1-34　灰桶　　　　　图1-35　橡皮锤　　　　　图1-36　铁锹

1.2.1.6　线坠

线坠（图1-37）就是上面一根很轻的线，下面挂一块较重的铅块或者其他金属块，铅块成倒圆锥体。铅垂悬挂后，利用重力作用，竖直向下指向地心，旁边的构建物通过和线锤比较来确定其竖直与否。在泥水施工中用于墙体砌筑时作垂直矫正之用。

1.2.1.7　公共工具

除以上材料外，泥工施工中还有一些比较常用工具，主要包括激光投线仪、锤子、电锤、墨斗及卷尺等，如图1-38所示。

1.2.2　装饰装修瓦工用机具

1.2.2.1　云石机

云石机（图1-39）又称石材切割机，整机主要由电动机、底板、切割片、手柄以及开关等部件组成，可以用来切割瓷砖、石料、木料等。不同的材料应选择相适应的锯片，如装上云石片可以切割瓷砖、石材和钢筋，装上木工锯片可以切割木板和木方，装上砂轮片能够切割金属等。因为云石机重量较轻、转速较快，在手持使用时振动感较强、稳定性不好，容易导致遇阻力反弹的情况，存在一定

图1-37　线坠

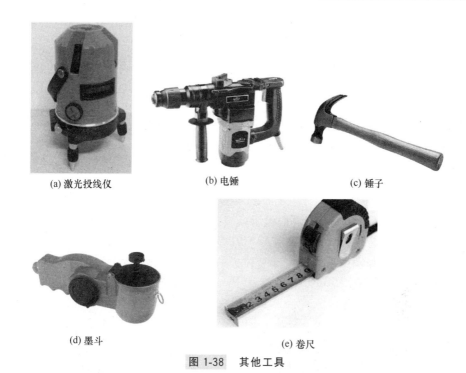

(a) 激光投线仪　　(b) 电锤　　(c) 锤子

(d) 墨斗

(e) 卷尺

图 1-38　其他工具

的危险性，使用时要特别注意。

　　在泥水施工中，云石机主要用于现场切割各种瓷砖及石材，施工比较灵活，为泥水工种的重要工具之一。

1.2.2.2　角磨机

　　角磨机（图 1-40）为一种利用高速旋转的薄片砂轮以及橡胶砂轮、钢丝砂轮等对硬物进行磨削、除锈、切削、磨光等加工作业的设备。角磨机可安装云石片、砂轮片、木工锯片、金刚砂片等，适合用来切割金属、石材等材料，也能够安装羊毛轮、塑胶轮进行打磨、抛光等操作。

云石机及适用的锯片

角磨机及适用的磨片

图 1-39　云石机　　　　　　　　图 1-40　角磨机

　　在装修施工中，角磨机的作用与云石机差不多，能够替代云石机进行瓷砖和石材的切割，还能进行角向切割、打磨。由于其可以拆下保护罩，因此在使用中比较灵活，可以在任何角上操作。

在泥水施工中，角磨机可用于切割石材、瓷砖，修整石材毛边，对石材进行倒角，以及墙体开槽等的施工。

1.2.2.3　飞机钻

飞机钻（图1-41）为电钻的一种，相对于手电钻而言功率更大，但其转速较慢，主要特征为机身具有手提式把柄与双手手握式把柄，适合抓握，主要用于水泥浆和腻子粉的搅拌。通过飞机钻进行搅拌，可以快速获得均匀的水泥浆，大大提高工作效率，是泥水和扇灰施工中最主要的工具。在木工施工中只要换上相应的钻头也常用它来开烟斗合页的安装孔。

1.2.2.4　**手动瓷砖推刀**

手动瓷砖推刀（图1-42），又叫做手动自测型瓷砖切割机、手动瓷砖划刀、手动瓷砖拉机、手动瓷砖切割机、手动瓷砖推刀等。瓷砖硬度一般比较高，尤其是地砖中的抛光砖、玻化砖等硬度极高，通过电动切割机进行切割会产生崩边。而用手动瓷砖推刀，可以精确地把瓷砖划开，一次分离，切口整整齐齐，误差可控制在3mm以内。

图1-41　飞机钻

图1-42　手动瓷砖推刀

手动瓷砖推刀的特点有：
① 切割效果好，直线精度高，边缘平整；
② 切割速度快，数秒完成作业；
③ 切割成本低，一个刀轮可以切割50000～70000m；
④ 不用电，不用水，无粉尘，无噪声；
⑤ 操作简单方便、安全。

由于其方便性和环保性，如今瓷砖推刀的使用也越来越广泛。在泥水施工中常用它来切割抛光砖和仿古砖等瓷砖材料。

1.3　装修镶贴工施工注意事项

镶嵌工程一般是对室内的墙、地面进行地面找平、做防水、贴瓷砖、装地漏等处理。贴瓷砖必须在水电改造基本完成之后（安装开关、插座面板之前）才能进行。

镶嵌工程施工工序中需要注意的环节主要有以下两点。

（1）装修工程中的防水工程大多也是有镶贴工人完成的，所以也可以将防水工程归入这个工序。做防水需要特别注意，在一些用水较多的空间，如卫生间及生活阳台等处绝对不能省略防水处理，也不能少刷、漏刷。少刷、漏刷一点都有可能导致渗漏，一旦渗漏，后续补漏是非常麻烦的，有时甚至要将铺好的地砖全部拆除重做防水，所以，在防水的施工上要慎之又慎。

（2）在镶贴工程施工的同时，可请空调商家派人打好空调孔。打空调孔时粉尘极多，因此应该尽量在镶贴施工进行时完成，尤其必须在油漆工程前完成，防止过多粉尘影响乳胶漆和油漆效果。

1.4 装修镶贴工施工要点

泥水工程一般是对室内的墙、地面进行地面找平、贴瓷砖、做防水以及装地漏等处理。在泥水施工中，主要需要注意有以下几点。

（1）瓷砖建议用瓷砖胶铺贴，价格并不贵，但比一般的水泥砂浆铺贴更牢固而且不容易出现空鼓，特别是墙砖，比如瓷砖背景墙，更是建议用瓷砖胶铺贴。

（2）为了装修的美观，很多厨房或卫生间的墙面都选择了地砖进行加工后当成墙砖上墙，这没有问题，但要注意墙砖是不能当成地砖用的，而且地砖上墙最好是使用瓷砖胶进行铺贴。

（3）在瓷砖上开开关、插座孔时，要确保开孔比线盒小，在后期安装面板时才能遮盖住，保证美观。同时，开孔时要十分小心，确保砖面没有裂痕。

（4）釉面砖热胀冷缩系数高，铺贴前必须浸泡在水中一段时间后才能使用。

（5）墙地砖敷设最重要的就是平整度，在敷设墙地砖时，用十字架留缝可以很好地保证平整性。留缝的作用是热胀冷缩时，不会对瓷砖造成爆角爆边影响。但要注意，瓷砖或多或少都存在平整度上的误差。

（6）瓷砖安装完成之后，需要进行敲打来查看瓷砖有无空鼓。

2

装修镶嵌工程实用技能

2.1 普通抹灰

2.1.1 一般抹灰

一般抹灰施工流程如下。

施工准备 → 基层处理 → 贴标志块、设标筋

找方、做护角线 ← 装档、刮木杆

2.1.1.1 施工准备

（1）材料准备

① 水泥：常用的水泥为不小于32.5级的普通硅酸盐水泥、硅酸盐水泥。水泥应有出厂质量保证书，使用前要做凝结时间和安定性进行复试。不同品种水泥不得混用。

② 砂：应用中砂，或粗砂与中砂混合掺用。含泥量不得大于3%，使用前要过筛。

③ 石灰膏：块状生石灰必须经熟化成石灰膏才能使用。在常温下，熟化时间不应少于15d；用于罩面的石灰膏，在常温下，熟化时间不得少于30d。

④ 水：宜用饮用水，当采用其他水源时，水质应符合国家饮用水标准。

（2）抹灰工程的主要机具　主要机具包括：砂石搅拌机、手推车、筛子、铁锹、灰盘、抹子（图2-1）、托灰板（图2-2）、压子、阳角抹子、捋角器、刮杠、方尺等。

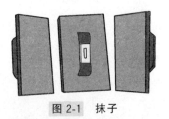

图 2-1　抹子

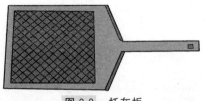

图 2-2　托灰板

2.1.1.2 基层处理

（1）去除基层表面的灰尘、污垢和油渍。

（2）表面凸出的部位应剔除，凹的部位用水泥砂浆补齐。

（3）表面太光滑的还要做毛化处理。

（4）墙面的脚手孔洞应堵塞严密。

基层处理如图 2-3 所示。

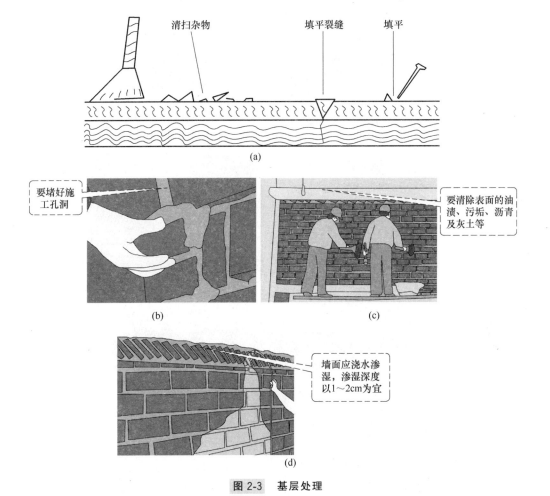

清扫杂物　　填平裂缝　　填平

(a)

要堵好施工孔洞

(b)

要清除表面的油渍、污垢、沥青及灰土等

(c)

墙面应浇水渗湿，渗湿深度以1～2cm为宜

(d)

图 2-3　基层处理

经验指导

抹灰层平均厚度：①内墙：普通抹灰不得大于 18mm，中级抹灰不得大于 20mm，高级抹灰不得大于 25mm。②外墙：墙面不得大于 20mm，勒脚及突出墙面部位不得大于 25mm。③石墙：不得大于 35mm。

2.1.1.3 贴标志块、设标筋

贴标志块、设标筋施工方法如图 2-4 所示。

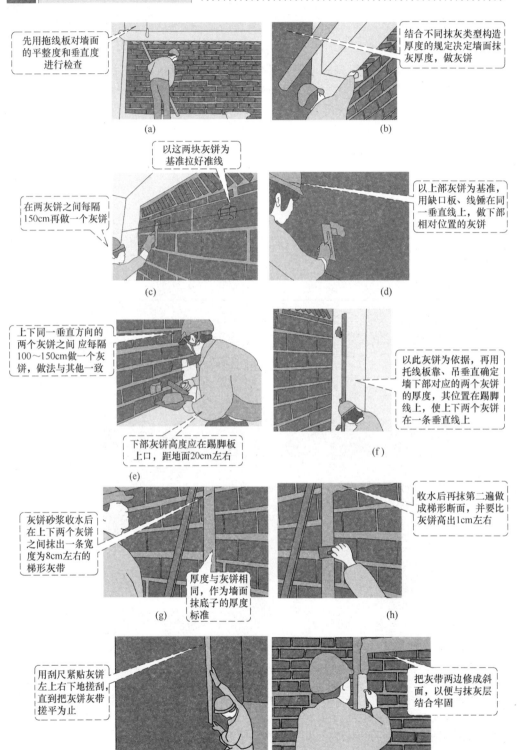

先用拖线板对墙面的平整度和垂直度进行检查

(a)

结合不同抹灰类型构造厚度的规定决定墙面抹灰厚度，做灰饼

(b)

以这两块灰饼为基准拉好准线

在两灰饼之间每隔150cm再做一个灰饼

(c)

以上部灰饼为基准，用缺口板、线锤在同一垂直线上，做下部相对位置的灰饼

(d)

上下同一垂直方向的两个灰饼之间 应每隔100～150cm做一个灰饼，做法与其他一致

下部灰饼高度应在踢脚板上口，距地面20cm左右

(e)

以此灰饼为依据，再用托线板靠、吊垂直确定墙下部对应的两个灰饼的厚度，其位置在踢脚线上，使上下两个灰饼在一条垂直线上

(f)

灰饼砂浆收水后在上下两个灰饼之间抹出一条宽度为8cm左右的梯形灰带

厚度与灰饼相同，作为墙面抹底子的厚度标准

(g)

收水后再抹第二遍做成梯形断面，并要比灰饼高出1cm左右

(h)

用刮尺紧贴灰饼左右上下地搓刮，直到把灰饼灰带搓平为止

(i)

把灰带两边修成斜面，以便与抹灰层结合牢固

(j)

图 2-4　贴标志块、设标筋

经验指导

① 做上部灰饼：在距顶棚 15～20cm 高度、与墙的两端距阴阳角 15～20cm 处，各按照已确定的抹灰厚度，做一个灰饼。灰饼的大小以5cm 左右见方为宜。

② 所有灰饼的厚度为 7～25mm，如果超过这个厚度，就应对灰层进行处理。

2.1.1.4 装挡、刮木杆

（1）底中层抹灰步骤如图 2-5～图 2-8 所示。

当建筑层高低于 3.2m 时，一般现抹下部一步架，然后搭架子再抹上部一步架，如图 2-6 所示。

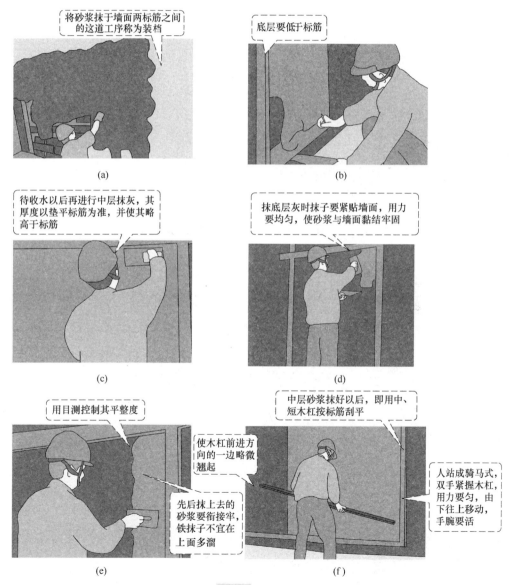

图 2-5

(g)

图 2-5 底中层抹灰步骤

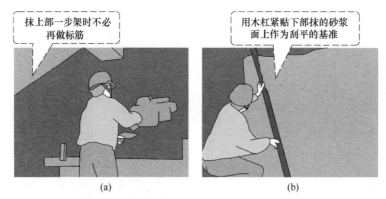

(a)　　　　　　　　　(b)

图 2-6 当建筑层高低于 3.2m 时的抹灰步骤

图 2-7 当建筑层高度大于 3.2m 时的抹灰步骤

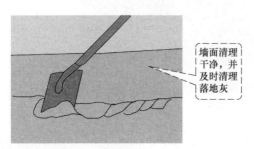

图 2-8 地面清理

当建筑层高大于 3.2m 时一般是从上往下抹灰，如果后做地面墙裙和中踢脚板时要按墙裙、踢脚板准线上口 5cm 处的砂浆切成直茬，如图 2-7 所示。

（2）面层抹灰　面层抹灰熟称为罩面灰，应在底子灰稍干之后进行，其步骤如图 2-9 所示。底灰太湿会影响抹灰面的平整，可能出现咬色，底灰太干则容易导致面层脱水太快而影响黏结，造成面层空鼓。

　　纸筋石灰或麻刀石灰砂浆面层通常应在中层砂浆六七成干时进行，手按不软，但是有指印。

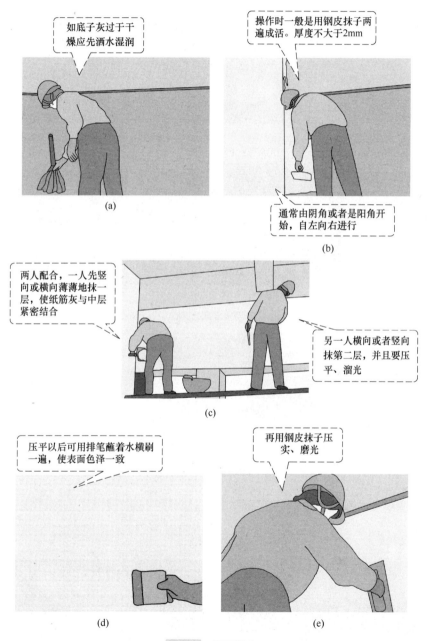

图 2-9　面层抹灰

（3）石灰砂浆面层　石灰砂浆面层一般采用 1∶（2～2.5）（石灰∶砂浆）厚度

6mm 左右。采用水泥砂浆面层时，需将底子灰表面扫毛或划出纹道，面层应注意接茬，表面压光不少于两遍，罩面后次日开始进行喷水养护，如图 2-10 所示。

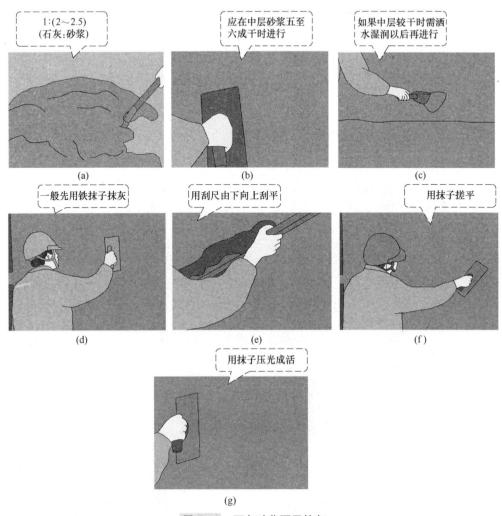

图 2-10　石灰砂浆面层抹灰

（4）其他　其他工序施工如图 2-11 所示。

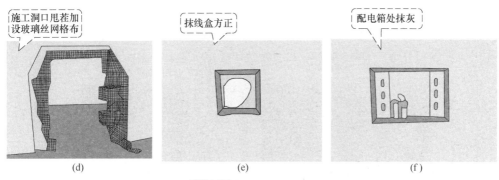

图 2-11 其他工序抹灰

（5）检测尺（靠尺）的使用方法 见图 2-12。

墙面垂直度检测如图 2-13所示。

当墙面高度不足 2m 时，可用 1m 长检测尺检测。但是，应按刻度仪表（图 2-14）显示规定读数，即使用 2m 检测尺时，取上面的读数，使用 1m 检测尺时，取下面的读数。

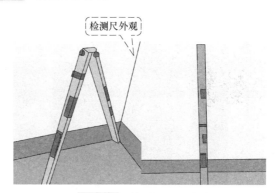

图 2-12 检测尺使用方法

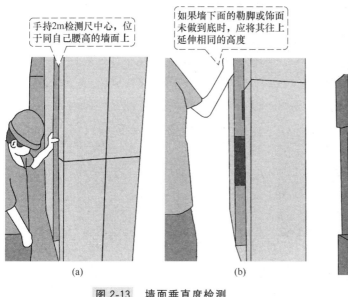

图 2-13 墙面垂直度检测

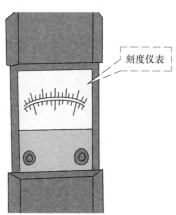

图 2-14 刻度仪表

2.1.1.5 找方、做护角线

（1）阴阳角找方 中级抹灰要求阳角要找方，而高级抹灰则要求阴阳角都要找方。

　　① 阳角找方的方法如图 2-15 所示。

图 2-15　阳角找方的方法

　　② 阴角找方的方法如图 2-16 所示。

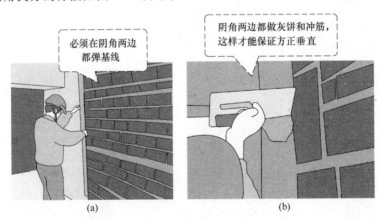

图 2-16　阴角找方的方法

　　（2）护角线　为使墙面、柱面、阴角、阳角抹灰以后线条清晰挺直，并防止外界碰撞损坏，一般都要做护角线。护角线应先做，抹灰时起冲筋的作用，护角线的施工方法如图 2-17 所示。

护角线应用1:2的水泥砂浆做，其高度一般不低于2m，其宽度不小于50mm

(a)

其厚度为，靠门窗框一边，以框墙空隙为准

首先用方尺将阳角规方

(b)

另一边以灰饼厚度为基准

(c)

施工前弹好准线，按准线在阳角两侧，先薄抹一层宽约50mm的底灰

(d)

然后张好八字尺，用脱线调直

(e)

用钢筋夹子稳住

(f)

脱线调直

(g)

在八字尺的另一边水泥墙角面抹1:2的水泥砂浆，其外角与靠尺外口平齐

(h)

抹好一边后，再把八字尺移到已抹好护角的一边

(i)

也用钢筋夹子稳住

(j)

图 2-17

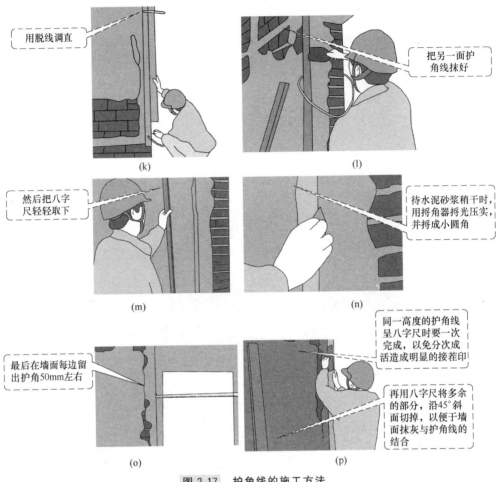

用脱线调直

把另一面护角线抹好

(k)　(l)

然后把八字尺轻轻取下

待水泥砂浆稍干时，用捋角器捋光压实，并捋成小圆角

(m)　(n)

最后在墙面每边留出护角50mm左右

同一高度的护角线呈八字尺时要一次完成，以免分次成活造成明显的接茬印

再用八字尺将多余的部分，沿45°斜面切掉，以便于墙面抹灰与护角线的结合

(o)　(p)

图 2-17　护角线的施工方法

2.1.2　顶棚抹灰

图 2-18 为顶棚抹灰示意图。

2.1.2.1　施工准备

抹灰前，按图纸文件要求，准备好水泥、沙子、石灰膏、重霸胶、纸筋、麻刀等材料，以及各种工具和机具，如图 2-19 所示。

图 2-18　顶棚抹灰示意

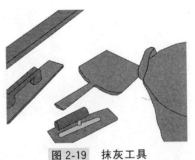

图 2-19　抹灰工具

2.1.2.2 基层处理

顶层抹灰之前应当做完上层地面及本层地面。

（1）现浇顶板抹灰前的处理方法　见图2-20。

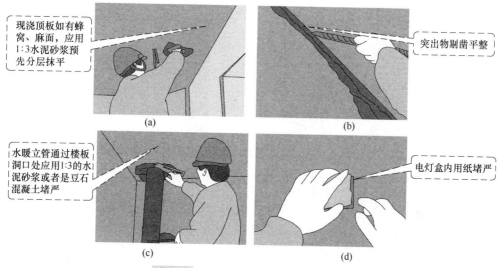

现浇顶板如有蜂窝、麻面，应用1:3水泥砂浆预先分层抹平

突出物剔凿平整

水暖立管通过楼板洞口处应用1:3的水泥砂浆或者是豆石混凝土堵严

电灯盒内用纸堵严

(a)　　　　(b)　　　　(c)　　　　(d)

图2-20　现浇顶板抹灰前的处理方法

（2）现浇混凝土楼板抹灰前的处理　见图2-21。

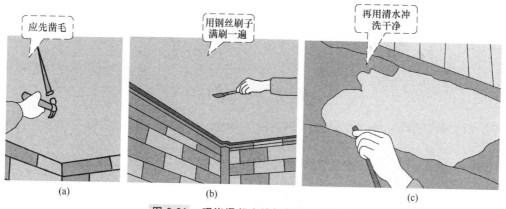

应先凿毛

用钢丝刷子满刷一遍

再用清水冲洗干净

(a)　　　　(b)　　　　(c)

图2-21　现浇混凝土楼板抹灰前的处理

（3）表面太光滑的基层处理　如果表面太光滑应先进行毛化处理，如图2-22所示。

2.1.2.3 操作工艺

顶棚抹灰的操作工艺如下。

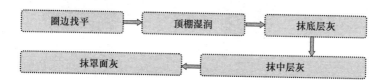

圈边找平　→　顶棚湿润　→　抹底层灰

抹罩面灰　←　抹中层灰

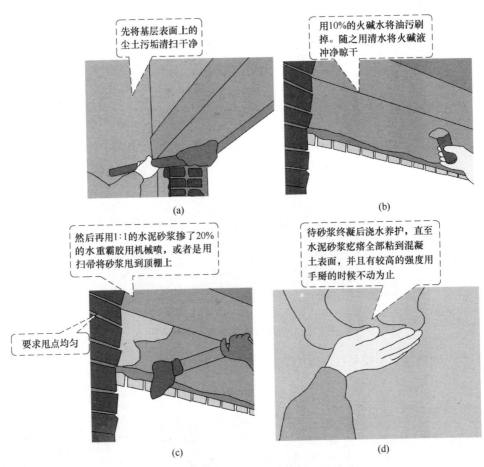

图 2-22　表面太光滑的处理施工

（1）圈边找平　施工步骤见图 2-23。
（2）顶棚湿润　施工方法见图 2-24。
（3）抹底层灰　施工方法见图 2-25。

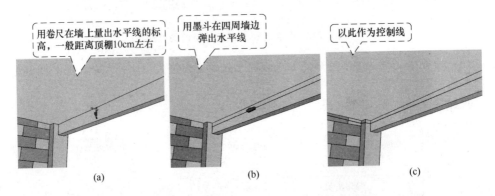

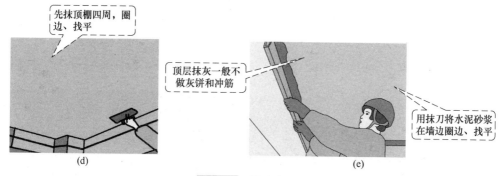

图 2-23 圈边找平

先抹顶棚四周，圈边、找平

顶层抹灰一般不做灰饼和冲筋

用抹刀将水泥砂浆在墙边圈边、找平

(d)

(e)

找平后用清水将顶棚湿润

图 2-24 顶棚湿润

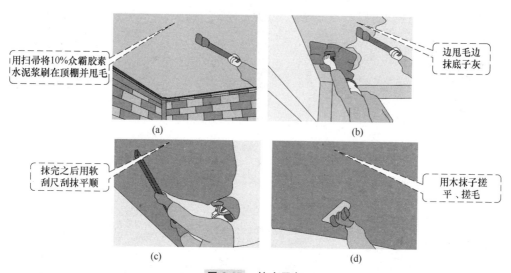

用扫帚将10%众霸胶素水泥浆刷在顶棚并甩毛

边甩毛边抹底子灰

(a)

(b)

抹完之后用软刮尺刮抹平顺

用木抹子搓平、搓毛

(c)

(d)

图 2-25 抹底层灰

经验指导

　　预制混凝土楼板顶棚一般采用1∶0.5∶4水泥石灰砂浆打底，或者用1∶3水泥砂浆，厚度为8mm，分2遍连续操作。现浇混凝土楼板顶棚采用1∶0.5∶1水泥石灰砂浆打底，厚度为2～3mm，操作时候需要用力使砂浆压入到细小的空隙中。

（4）抹中层灰　此道工序适用于现浇混凝土顶棚抹白灰砂浆，采用1∶3∶9的混合砂浆，厚度为6～9mm。其施工方法见图2-26。

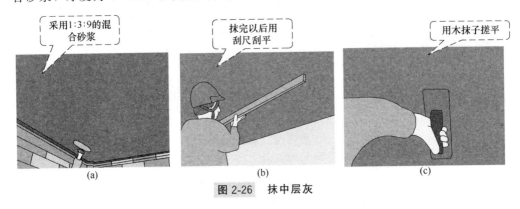

采用1∶3∶9的混合砂浆

抹完以后用刮尺刮平

用木抹子搓平

(a)　　　　　　　(b)　　　　　　　(c)

图2-26　抹中层灰

注意：预制混凝土楼板抹水泥砂浆或者是混合砂浆没有这道工序。

（5）抹罩面灰　在底子灰或中层灰六七成干时，抹罩面灰。罩面灰的厚度在5mm左右，分两遍抹成。第一遍越薄越好，接着抹第二遍。混凝土顶板抹水泥砂浆或1∶0.3∶2.5水泥混合砂浆。其施工方法见图2-27。

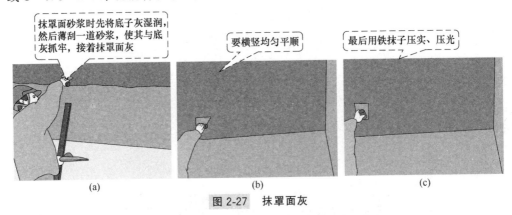

抹罩面砂浆时先将底子灰湿润，然后薄刮一道砂浆，使其与底灰抓牢，接着抹罩面灰

要横竖均匀平顺

最后用铁抹子压实、压光

(a)　　　　　　　(b)　　　　　　　(c)

图2-27　抹罩面灰

现浇混凝土顶板抹白灰砂浆，面层用纸筋灰罩面灰的做法如图2-28所示。

在中层灰六七成干时，即用手按不软，但是又有指印，此时就可以抹罩面灰

如中层灰过干时，应洒水湿润后再抹

用铁抹子抹罩面灰。罩面灰的厚度在2mm左右，分两遍抹成。第一遍越薄越好

(a)　　　　　　　(b)　　　　　　　(c)

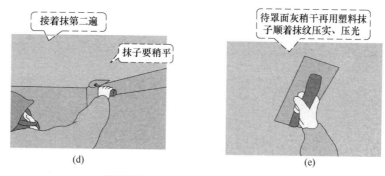

图 2-28　现浇混凝土顶板抹罩面灰

2.1.3　内墙抹灰

2.1.3.1　基层处理

内墙抹灰基层处理见图 2-29。

图 2-29　基层处理

2.1.3.2　操作工艺

内墙抹灰操作步骤如下。

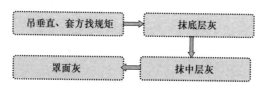

（1）吊垂直、套方找规矩　为保证墙面的抹灰的垂直平整，抹灰前，必须做规矩，在行业内俗称做灰饼。其施工方法见图 2-30。

（2）抹底层灰　其施工方法见图 2-31。

（3）抹中层灰　其施工方法见图 2-32。

经验指导

中层抹灰主要是起到找平和结合的作用，还可以弥补底层灰的裂缝。

（4）罩面灰　最后要进行面层抹灰，也称作罩面，主要起装饰和保护的作用。其施工方法见图 2-33。

先在距顶棚15～20cm的高度和墙的两端距阴角15～20cm处，各按已确定的抹灰特点做一块灰饼

灰饼大小以5cm左右见方为宜

(a)

(b)

注意：如果需要做内墙抹灰的面积较大时，应在垂直和水平的两个块灰饼之间每隔150～200cm处加做灰饼

然后在其垂直下方距踢脚板上方20～25cm处用同样的方法各做一个灰饼

(c)

(d)

灰饼的厚度宜为7～18mm。如果超出这个范围，就应对抹灰基层进行处理

上下垂直方向的灰饼做好后要用靠尺及线坠对灰饼内的平整度和垂直度进行检查

(e)

(f)

图 2-30　吊垂直、套方找规矩

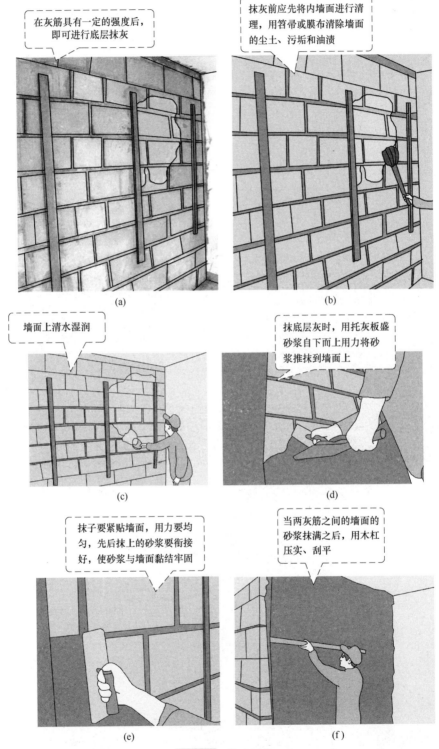

在灰筋具有一定的强度后，即可进行底层抹灰

抹灰前应先将内墙面进行清理，用笤帚或膜布清除墙面的尘土、污垢和油渍

(a)

(b)

墙面上清水湿润

抹底层灰时，用托灰板盛砂浆自下而上用力将砂浆推抹到墙面上

(c)

(d)

抹子要紧贴墙面，用力要均匀，先后抹上的砂浆要衔接好，使砂浆与墙面黏结牢固

当两灰筋之间的墙面的砂浆抹满之后，用木杠压实、刮平

(e)

(f)

图 2-31　抹底层灰

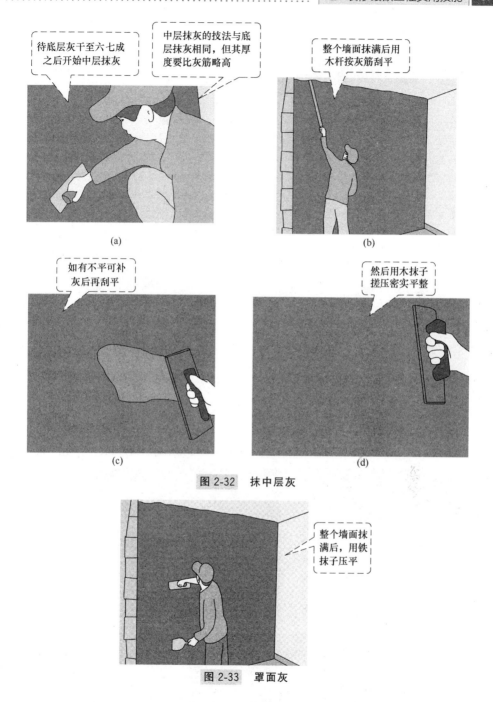

图 2-32　抹中层灰

图 2-33　罩面灰

2.1.4　外墙抹灰

外墙抹灰（图 2-34）必须要在基层处理、四大角及山墙角与门窗洞口、护角线、墙面的灰饼冲筋等一切完毕，找好规矩之后才能进行。外墙抹灰基本做法与内墙基本相同。砖砌外墙的抹灰层要有一定的防水性能，常用混合砂浆打底及罩面。

图2-34　混凝土外墙抹灰示意图

混凝土外墙抹灰常采用以下配比的水泥砂浆：底层采用1∶3的水泥砂浆；面层采用1∶2.5的水泥砂浆。其施工步骤如下。

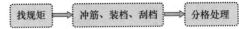

找规矩 → 冲筋、装档、刮档 → 分格处理

2.1.4.1　找规矩

外墙抹灰找规矩的要求和内墙抹灰找规矩的要求有所不同，外墙抹灰找规矩要在建筑物的四大角先挂好由上而下的垂直通线（包括多层或者高层建筑）。找规矩施工方法如图2-35所示。

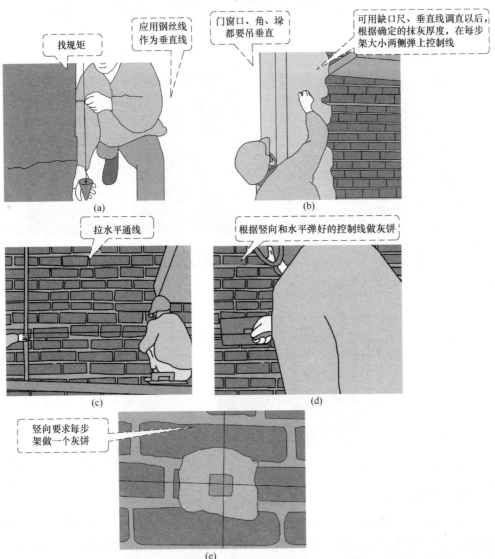

应用钢丝线作为垂直线

找规矩

门窗口、角、垛都要吊垂直

可用缺口尺、垂直线调直以后，根据确定的抹灰厚度，在每步架大小两侧弹上控制线

(a)　　　　(b)

拉水平通线

根据竖向和水平弹好的控制线做灰饼

(c)　　　　(d)

竖向要求每步架做一个灰饼

(e)

图2-35　找规矩

2.1.4.2 冲筋、装档、刮档

冲筋、装档、刮档施工方法如图 2-36 所示。

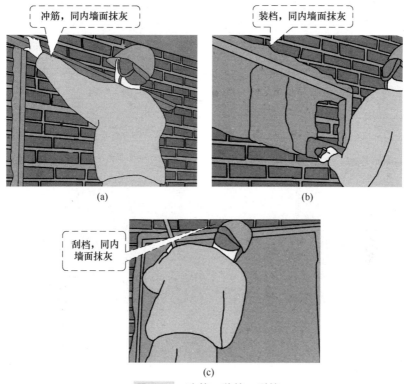

冲筋，同内墙面抹灰

装档，同内墙面抹灰

(a)

(b)

刮档，同内墙面抹灰

(c)

图 2-36 冲筋、装档、刮档

2.1.4.3 分格处理

室外墙面抹水泥砂浆要进行分格处理，以增加墙面美观，防止罩面砂浆收缩产生裂缝。其施工方法如图 2-37 所示。

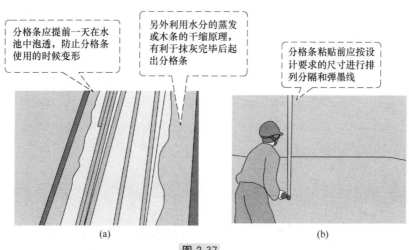

分格条应提前一天在水池中泡透，防止分格条使用的时候变形

另外利用水分的蒸发或木条的干缩原理，有利于抹灰完毕后起出分格条

分格条粘贴前应按设计要求的尺寸进行排列分隔和弹墨线

(a)

(b)

图 2-37

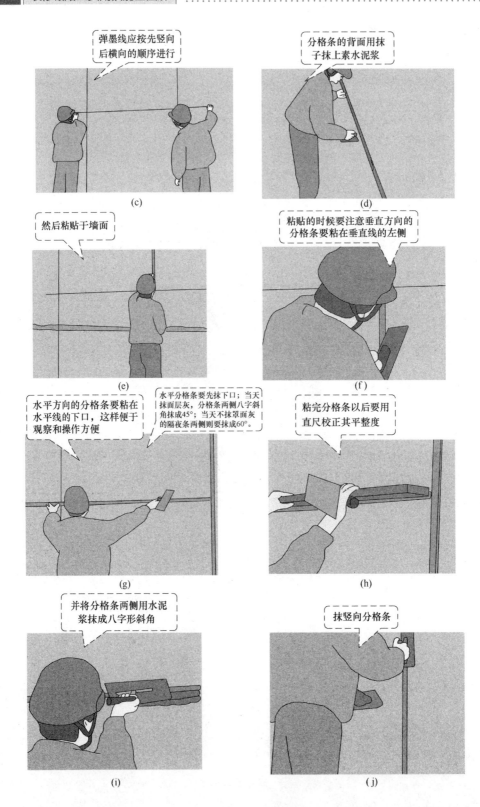

弹墨线应按先竖向后横向的顺序进行

(c)

分格条的背面用抹子抹上素水泥浆

(d)

然后粘贴于墙面

(e)

粘贴的时候要注意垂直方向的分格条要粘在垂直线的左侧

(f)

水平方向的分格条要粘在水平线的下口，这样便于观察和操作方便

水平分格条要先抹下口；当天抹面层灰，分格条两侧八字斜角抹成45°；当天不抹罩面灰的隔夜条两侧则要抹成60°。

(g)

粘完分格条以后要用直尺校正其平整度

(h)

并将分格条两侧用水泥浆抹成八字形斜角

(i)

抹竖向分格条

(j)

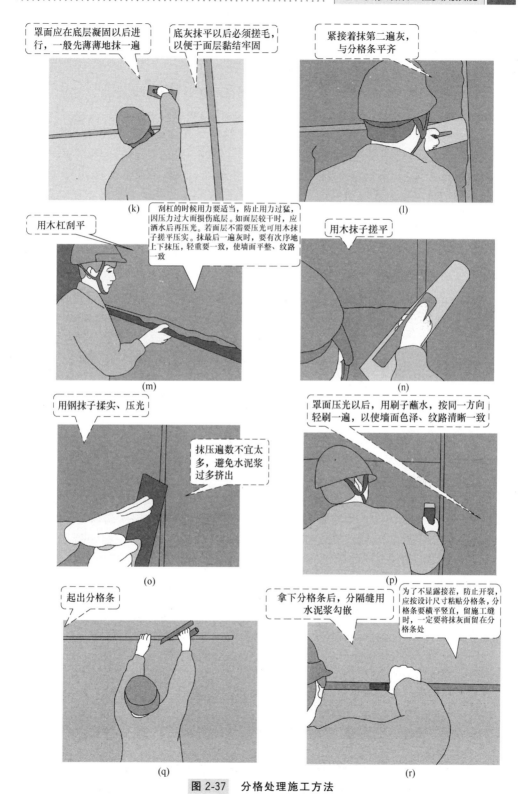

图 2-37 分格处理施工方法

经验指导

① 突出外墙面的线条要横平竖直，在操作时，横向线条用铁丝或尼龙线拉直，竖向线条用线锤调直。

② 室外抹灰通常都有防水要求，对挑出墙面的各种细部，像檐口、窗台、阳台以及雨篷等的底面要做滴水槽，外窗台有泄水、挡水的作用。

③ 在外墙立面上数量较多时，其施工质量的好坏直接影响里面美观，所以更应注意抹灰质量。

④ 抹灰需用 1:2.5 水泥砂浆两遍成活，抹灰时，各棱角要做成钝角或小圆角。

⑤ 抹灰层应深入窗框下面的间隙，并且填满嵌实，以防窗台渗水，窗台表面抹灰应当平整光滑。

2.1.5 地面抹灰

2.1.5.1 水泥砂浆地面

做水泥地面面层时首先应做好屋面防水层或者防雨措施，或在房屋上层地面找平层已做好，或者在不致被下道工序损坏和污染的条件下进行。水泥砂浆地面施工步骤如下所示。

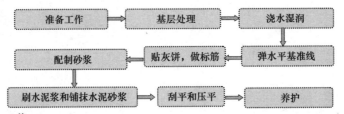

（1）准备工作

① 水泥砂浆面层材料要求

a. 水泥砂浆面层所用水泥，宜优先采用硅酸盐水泥、普通硅酸盐水泥并且强度等级不得低于 32.5 级。若采用石屑代替砂时，水泥强度等级则不低于 42.5 级。以上品种水泥在常用水泥中具有早期强度高、水化热大以及干缩值较小等优点。

b. 若采用矿渣硅酸盐水泥，其强度等级不低于 42.5 级，在施工中要严格按照施工工艺要求操作，且要加强养护，方能保证工程质量。

c. 水泥砂浆面层用砂，应采用中砂或者粗砂，也可以两者混合使用，其含泥量不得大于 3%。由于细砂拌制的砂浆强度要比粗砂、中砂拌制的砂浆强度低 25%～35%，不仅其耐磨性差，而且还有干缩性大及容易产生收缩裂缝等缺点。

d. 若采用石屑代替砂，粒径宜为 3～6mm，含泥量不大于 3%。

② 材料配合比要求

a. 水泥砂浆。面层水泥砂浆的配合比应不低于 1:2，其稠度不大于 3.5cm。另外水泥砂浆必须拌和均匀，颜色一致。

b. 水泥石屑浆。若面层采用水泥石屑浆，其配合比为 1:2，水灰比为 0.3～0.4，尤其要做好养护工作。

（2）基层处理 水泥砂浆面层多是铺抹在楼面或者地面的混凝土、水泥炉渣、碎砖三合土等垫层上，垫层处理是防止水泥砂浆面层空鼓、裂纹以及起砂等质量通病的关键工序。其施工方法如图 2-38 所示。

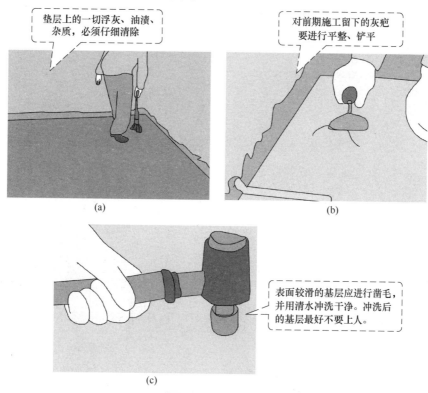

图 2-38 基层处理

> **经验指导**
>
> 宜在垫层或找平层的砂浆或者混凝土的抗压强度达到 1.2MPa 后，再铺设面层砂浆，这样才不致破坏其内部结构。铺设地面前，还要再一次将门框校核找正，方法是先把门框锯口线抄平校正，并注意当地面面层铺设之后，门扇和地面的间隙（风路）应符合规定，然后将门框固定，防止位移。

（3）浇水湿润 其施工方法见图 2-39。

（4）弹水平基准线 其施工方法见图 2-40。

图 2-39 浇水湿润

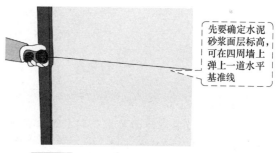

图 2-40 弹水平基准线

（5）贴灰饼，做标筋　其施工方法见图2-41。

（6）配制砂浆　见图2-42。

图2-41　贴灰饼，做标筋

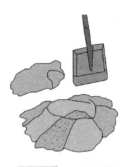

图2-42　配制砂浆

（7）刷水泥浆和铺抹水泥砂浆　见图2-43。

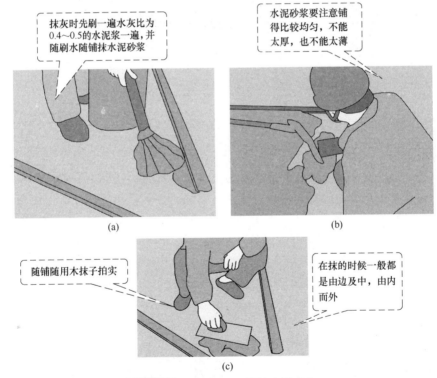

图2-43　刷水泥浆和铺抹水泥砂浆

经验指导

①水泥砂浆地面面层应在刷水泥结合层后紧接着进行铺抹，若基层刷水泥浆结合层过早铺抹，铺抹面层时，结合层水泥浆已结硬，这样就会导致地面空鼓。

② 地面面层施工前应根据墙面 50cm 水平线，进行找平、找方工作。凡有地漏的房间应当先找好泛水坡度。在面层施工的时候根据四周墙上弹好的地面标高控制线做标志块及标筋。

（8）刮平和压平　其施工方法见图 2-44。

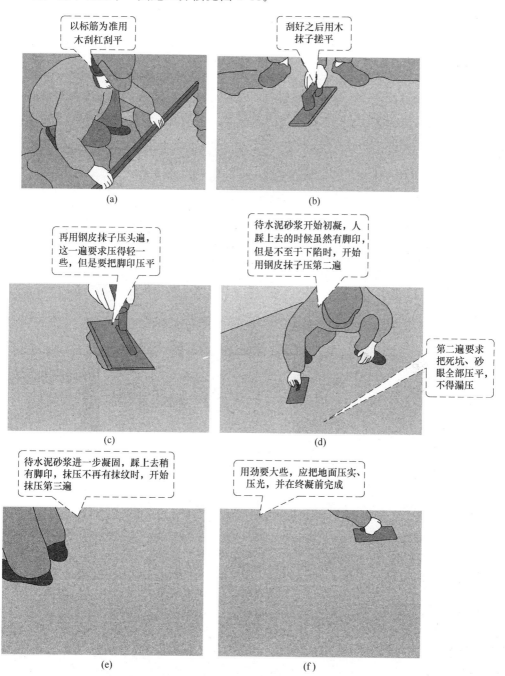

图 2-44　刮平和压平

经验指导

若采用地面压光机压光，在压第二、第三遍时砂浆的干硬度比手工压光应该稍干一些。水泥地面三遍压光非常重要，要按照要求，并且根据砂浆的凝固情况选择，适当时间进行分次压光才能保证工程质量。

（9）养护　见图2-45。

水泥地面在面层铺设后，均应在常温下养护，一般不少于15天

浇水的时候应用喷壶洒水，保持锯末湿润即可

水泥地面养护最好是铺上锯末，再浇水养护

图2-45　养护

2.1.5.2　细豆石混凝土地面

细豆石混凝土地面施工步骤如下。

准备工作 → 基层处理 → 浇水湿润

配制砂浆 ← 贴灰饼，做标筋 ← 弹水平基准线

刷水泥浆和铺抹水泥砂浆 → 刮平和压平 → 滚压

养护

（1）准备工作　细豆石混凝土配合比为水泥∶砂子∶细石＝1∶2∶3（体积比）即可，如图2-46所示。

（2）基层处理、弹线、找方　基层处理、弹线、找方等的操作步骤可参考水泥砂浆地面。

（3）刮平、压平　见图2-47。

（4）滚压　见图2-48。

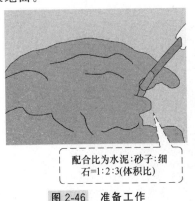

配合比为水泥∶砂子∶细石＝1∶2∶3(体积比)

图2-46　准备工作

经验指导

必须在水泥初凝完成抹平工作，终凝之前完成压光工作，若在终凝后再进行抹压工作，则水泥凝胶体的凝结结构会遭到破坏，甚至导致大面积的地面空鼓，很难再进行闭合弥补。这不仅会影响强度的增长，也容易造成面层起灰、脱皮、裂缝等一些质量缺陷。

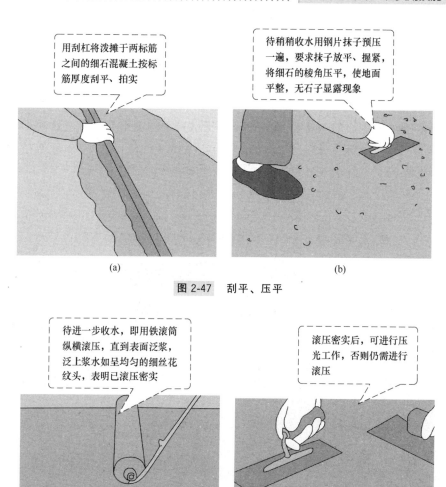

图 2-47　刮平、压平

图 2-48　滚压

（5）养护　见图 2-49。

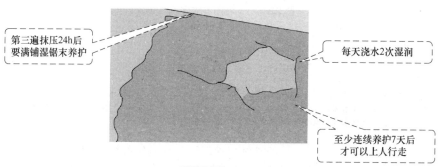

图 2-49　养护

2.2　装饰抹灰

2.2.1　干粘石抹灰

干粘石是在水刷石的基础上发展起来的一种装饰抹灰，它把彩色石粒直接粘到砂浆层上作饰面。其做法与水刷石相比，不仅节约水泥、石子等材料，而且减少了湿作业，工效明显提高，在干粘石黏结层砂浆中掺入适量的108胶，可将黏结层砂浆厚度减薄，并可以增强黏结砂浆与基层和石粒黏结的牢固性，从而提高装饰质量和耐久性，还可大大减少工作量。干粘石抹灰步骤如下。

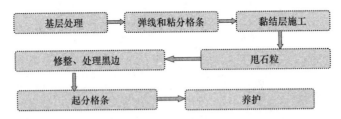

2.2.1.1　基层处理

基体处理方法与一般抹灰处理方法相同，但由于水刷石抹灰的厚度比一般抹灰厚，所以如果基体处理不好，抹灰层极容易产生空鼓或者坠裂，如图2-50所示。

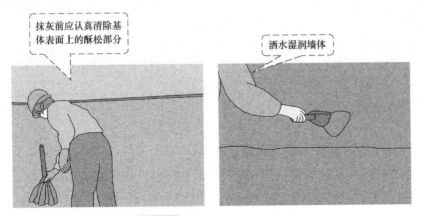

图 2-50　干粘石抹灰基层处理

干粘石分层做法配合比见表2-1。

表 2-1　干粘石分层做法配合比

基体	分层做法配合比	厚度/mm
砖墙	(1)1：3水泥砂浆抹底层	5～7
	(2)1：3水泥砂浆抹中层	5～7
	(3)刷水灰比为0.40～0.50水泥浆一遍	
	(4)抹水泥：石膏：砂子：108胶＝100：50：200：(5～15)聚合稠水泥砂浆黏结层	
	(5)4～6mm彩色石粒	5～6

续表

基体	分层做法配合比	厚度/mm
混凝土墙	(1)刮水灰比为0.37～0.40水泥浆或洒水泥浆 (2)水泥混合砂浆抹底层 (3)1:3水泥砂浆抹中层 (4)刷水灰比为0.40～0.50水泥浆一遍 (5)抹水泥:石灰膏:砂子:108胶＝100:50:20:(5～15)聚合水泥砂浆黏结层 (6)4～6mm彩色石粒	 6～7 5～6 5～6

2.2.1.2 弹线和粘分格条

（1）干粘石装饰抹灰的分格处理，不仅是为了建筑的美观、艺术，而且也是为了确保干粘石的施工质量，以及分段分块操作的方便。

（2）粘分格条可采用粘布条或木条。粘布条操作简便、分格清晰。

（3）弹线和粘分格条的施工步骤如图2-51所示。

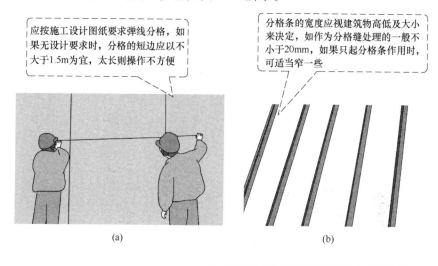

应按施工设计图纸要求弹线分格，如果无设计要求时，分格的短边应以不大于1.5m为宜，太长则操作不方便

分格条的宽度应视建筑物高低及大小来决定，如作为分格缝处理的一般不小于20mm，如果只起分格条作用时，可适当窄一些

(a)　　　　　　　　　　(b)

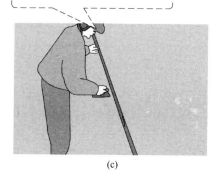

粘木条不得超过抹灰厚度，否则会使面层不平整

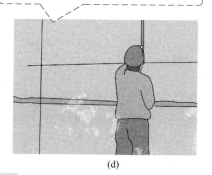

也可采用玻璃条作分格条，其优点是分格呈线型，无毛边，且不起条一次成活，镶嵌玻璃条的操作方法与粘木条一样，分格缝弹好后，将3mm厚、宽度同面层厚度的玻璃条，用水泥紧贴于底灰上

(c)　　　　　　　　　　(d)

图2-51

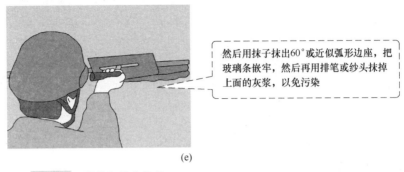

然后用抹子抹出60°或近似弧形边座，把玻璃条嵌牢，然后再用排笔或纱头抹掉上面的灰浆，以免污染

(e)

图 2-51 弹线和粘分格条

2.2.1.3 黏结层施工

黏结层厚度通常为 6～8mm，稠度不应大于 8cm。黏结层的施工见图 2-52。

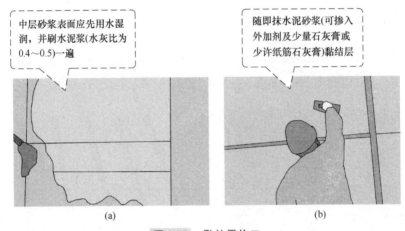

中层砂浆表面应先用水湿润，并刷水泥浆(水灰比为 0.4～0.5)一遍

随即抹水泥砂浆(可掺入外加剂及少量石灰膏或少许纸筋石灰膏)黏结层

(a)　　　　　　　　(b)

图 2-52 黏结层施工

经验指导

实践证明，在粘石砂浆中掺入 108 胶的聚合水泥砂浆能够缓凝且保水性好，可以使黏结层薄至 4～5mm (如用中八厘石粒，黏结层为 5～6mm)，基本上可以解决拍实时的出浆问题。其砂浆的配合比是水泥∶石灰膏∶砂子∶108 胶＝1∶1∶2∶0.2。另一种做法为素水泥浆内掺 30％的 108 胶配制而成的聚合物水泥浆，抹在中层灰上粘石粒，其厚度根据石粒的粒径选择，通常抹粘石砂浆应低于分格条 1～2mm。

2.2.1.4 甩石粒

（1）黏结层抹好后，当干湿度适宜时，即用手甩石粒，先甩边缘，后甩中间。甩石粒时，要用力适宜，注意使石粒分布均匀。甩石粒工具见图 2-53，其施工方法如图 2-54 所示。

（2）在阳角处，角两侧应同时操作，避免一侧先做完后再做另一侧时砂浆已凝结，石子

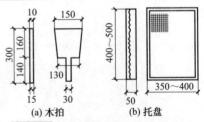

(a) 木拍　　(b) 托盘

图 2-53 甩石粒工具（单位：mm）

一手托着用纱钉成的装石粒的托盘，一手用木拍铲石粒反手往墙上甩

若不均匀，应补均匀，再用抹子或橡胶滚轻轻拍滚，使石子嵌入砂浆的深度不小于1/2粒径，拍压后的石粒应平整坚实，大面向外

图 2-54　甩石粒方法

在阳角处，角两侧应同时操作

图 2-55　阳角处甩石粒处理方法

不易黏结上去，出现明显的接茬黑边，如图 2-55 所示。

经验指导

① 在甩石粒时，未粘的石粒会飞溅散落，造成浪费。可以用接料盘放在操作面的下面接收散落的石粒，也可使用装上粗布的长方框直接装入石粒，紧靠墙面，既作托料盘又作接料盘。

② 可以借助机械喷洒石粒代替手工甩石，利用压缩空气和喷枪将石子均匀有力地喷射到墙面的黏结层上。

2.2.1.5　修整、处理黑边

粘完石粒后，应及时检查有无石粒未黏结上的现象及是否有黏结不严实的部位。修整、处理黑边的方法如图 2-56 所示。

2.2.1.6　起分格条

起分格条时，用抹子柄敲击木条，以小鸭嘴抹子扎入木条，上下活动，轻轻起出、找平，用刷子刷光理直缝角，用灰浆把分格缝修补平直，颜色要一致，起分格条之后应用抹子将面层粘石轻轻按下，避免起条时将面层灰与底灰拉开，造成部分空鼓现象，起条后再勾缝，如图 2-57 所示。

2.2.1.7　养护

干粘石的养护见图 2-58。

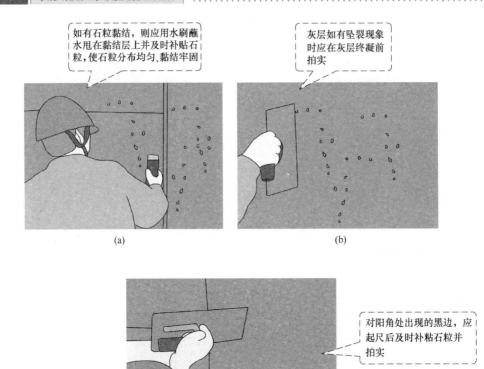

如有石粒黏结，则应用水刷蘸水甩在黏结层上并及时补贴石粒，使石粒分布均匀，黏结牢固

灰层如有坠裂现象时应在灰层终凝前拍实

(a) (b)

对阳角处出现的黑边，应起尺后及时补粘石粒并拍实

(c)

图 2-56　修整、处理黑边

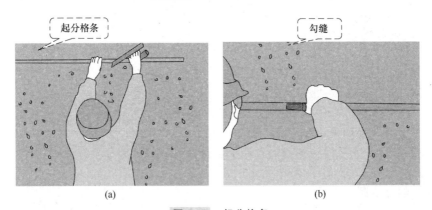

起分格条

勾缝

(a) (b)

图 2-57　起分格条

经验指导

　　因为南方夏秋两季日照强，在东外山墙应在上午做干粘石，而西外山墙应在下午做干粘石，并要设法遮阳，防止日光直射，使水泥砂浆有凝固的时间，防止在初凝前因日晒发生干裂和空鼓现象。

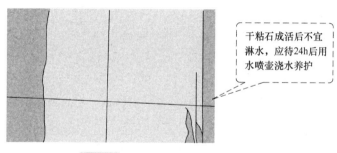

图 2-58　养护

2.2.2　水刷石抹灰

水刷石又称洗石米、消石子，主要用于室外的装饰抹灰。水刷石抹灰步骤如下。

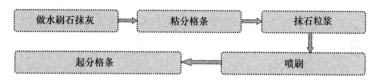

2.2.2.1　做水刷石抹灰

做水刷石抹灰见图 2-59。

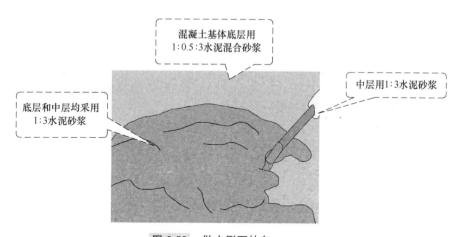

图 2-59　做水刷石抹灰

2.2.2.2　粘分格条

为防止水刷石面层砂浆收缩产生裂缝，避免施工接茬，要做分格处理。粘分格条的施工方法见图 2-60。

2.2.2.3　抹石粒浆

待中层砂浆六七成干时，进行水刷石面层抹灰，如图 2-61 所示。

为调节石粒浆颜色，在炎热气候下减少水泥用量 20% 以内。水泥石粒浆的参考配合比及抹灰做法见表 2-2。

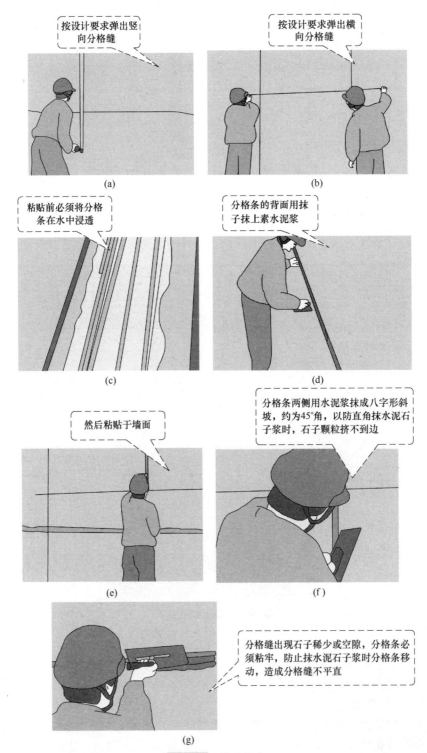

图 2-60　粘分格条

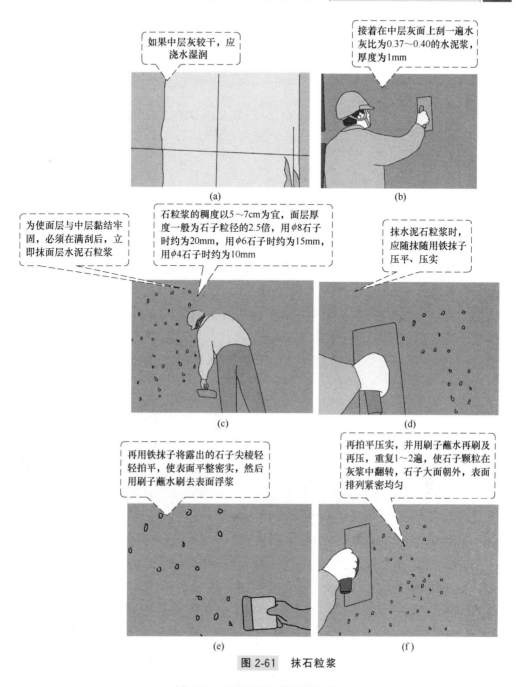

图 2-61 抹石粒浆

表 2-2 水刷石分层做法配合比

基体	分层做法配合比	厚度/mm
砖墙	(1)1:3 水泥砂浆抹底层	5~7
	(2)1:3 水泥砂浆抹中层	5~7
	(3)刮一遍水灰比为 0.37~0.40 的水泥浆	15
	(4)1:2.25 水泥 6mm 石粒浆(或 1:0.5:2 水泥石灰石粒浆)或 1:1.5 水泥 4mm 石粒浆(1:0.5:2.25 水泥石灰膏石粒浆)	10

续表

基体	分层做法配合比	厚度/mm
混凝土墙	(1)刮水灰比为0.37～0.40水泥浆或洒水泥浆	0～7
	(2)1:0.5:3水泥混合砂浆抹底层	5～6
	(3)1:3水泥砂浆抹中层	5～7
	(4)刮一遍水灰比为0.37～0.40的水泥浆	15
	(5)1:1.25水泥6mm石粒浆(或1:0.5:2水泥石灰膏石粒浆)或1:1.5水泥4mm石粒浆(或1:0.5:2.25水泥石灰膏石粒浆)	10

> **经验指导**
>
> 　抹石粒浆时，就整个墙面（或当天作业面）来说，是从上往下抹，但对于每一个分格而言应从下面抹起。每抹完一块，用直尺检查是否平整，不平处应及时增补找平，同一面层要一次抹完不留施工缝。

2.2.2.4　喷刷

　当面层水泥石粒浆开始凝固并达到七成干，用手指轻按无痕，用软刷子刷石粒不掉时，开始喷刷，如图2-62所示。

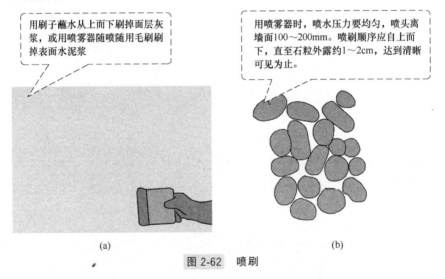

> 用刷子蘸水从上面下刷掉面层灰浆，或用喷雾器随喷随用毛刷刷掉表面水泥浆

> 用喷雾器时，喷水压力要均匀，喷头离墙面100～200mm。喷刷顺序应自上而下，直至石粒外露约1～2cm，达到清晰可见为止。

(a)　　　　　　　　　　　　(b)

图2-62　喷刷

2.2.2.5　起分格条

　起分格条施工方法见图2-63。

> **经验指导**
>
> 　水刷石应先做小面，后做大面，以确保大面的清洁美观。水刷石阳角部位应用喷头由外往里喷刷，最后用小水壶冲洗干净，窗台、檐口、阳台及雨篷底面，应按规格规定分别设置滴水槽或者滴水线。滴水槽上宽不小于7mm，下宽为10mm，深度为10mm，距外表面应不小于30mm。

2.2.3　斩假石抹灰

　斩假石是在石粒砂浆抹灰面层上径过斩琢加工制成人造石材状的一种装饰抹灰。斩假石又叫做剁斧石，由于其装饰效果好，通常多用于外墙面、勒脚、室外台阶和纪

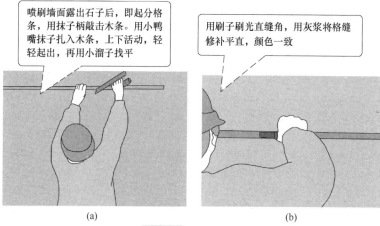

图 2-63 起分格条

念性建筑物的外装饰抹灰。斩假石抹灰的施工步骤如下。

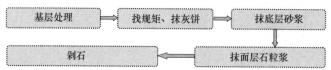

2.2.3.1 基层处理

斩假石抹灰基层处理见图 2-64。

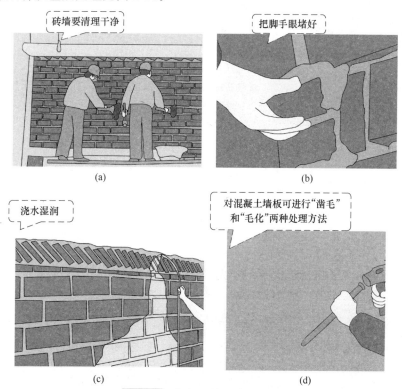

图 2-64 斩假石抹灰基层处理

2.2.3.2 找规矩、抹灰饼

斩假石抹灰找规矩、抹灰饼的方法见图 2-65。

把墙面、柱面、四周大角及门窗口角，用线坠吊垂直线

然后确定灰饼的厚度，贴灰饼找直及找平

(a)

(b)

横线以楼层为水平基线或用±0.000标高线交圈控制抹灰饼，并以灰饼为基准点冲筋、套方、找规矩，做到横平竖直、上下交圈

(c)

图 2-65 斩假石抹灰找规矩、抹灰饼施工

2.2.3.3 抹底层砂浆

抹底层砂浆施工方法见图 2-66。

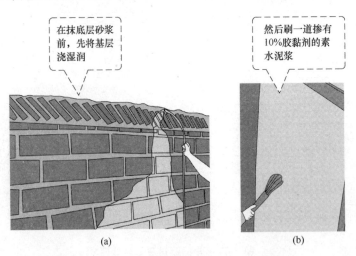

在抹底层砂浆前，先将基层浇湿润

然后刷一道掺有10%胶黏剂的素水泥浆

(a)

(b)

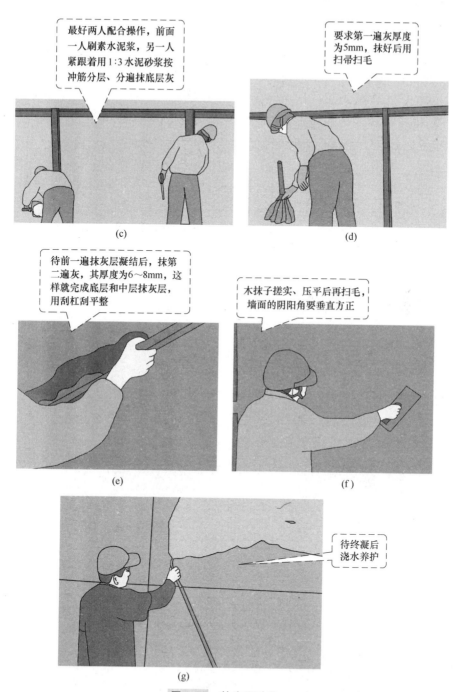

图 2-66　抹底层砂浆

经验指导

　　台阶的底层灰也要按照踏步的宽和高垫好靠尺分遍抹水泥砂浆，要刮平、搓实、抹平，使每步的宽度和高度一致，台阶面层向外坡度为1%。

2.2.3.4 抹面层石粒浆

（1）弹线，粘分格条　见图 2-67。

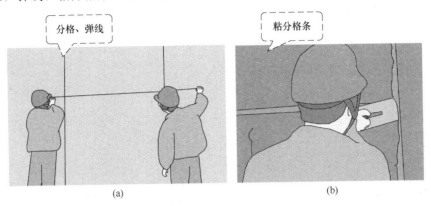

图 2-67　弹线，粘分格条

（2）在分格条有了一定强度后，就可以抹面层石粒浆，如图 2-68 所示。

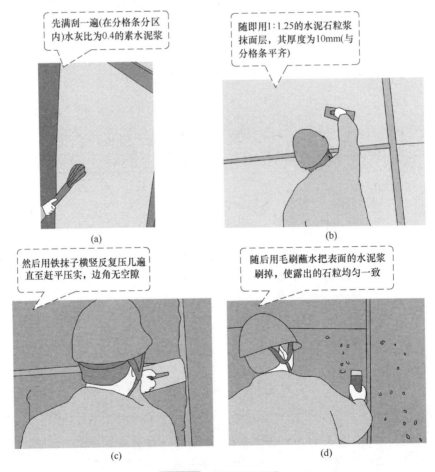

图 2-68　抹面层石粒浆

（3）浇水养护　见图 2-69。

2.2.3.5　剁石

（1）斩剁前要按设计要求的留边宽度进行弹线，如无设计要求，每一方格的四边要留出 20～30mm 边条，作为镜边。斩剁的纹路依设计而定。为保证剁纹垂直和平行，可在分格内划垂直线控制，或在台阶上划平行及垂直线，控制剁纹保持与边线平行。

（2）剁石时用力要一致，垂直于大面，顺着一个方向剁，以保证剁纹均匀。一般剁石的深度以石粒剁掉 1/3 比较适宜，使剁成的假石成品美观大方。

（3）斩剁的顺序是先上后下，由左到右进行。先剁转角和四周边缘，后剁中间墙面。转角和四周宜剁水平纹，中间墙面剁垂直纹。每剁一行应随时将上面和竖向分格条取出，并及时用水泥浆将分块内的缝隙和小孔修补平整。

（4）斩剁完成后，应用扫帚清扫干净。

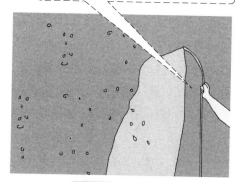

面层石粒浆完成后24h开始浇水养护，常温下一般为5～7d，其强度达到5MPa，即面层产生一定强度但不太大，剁斧上去剁得动且石粒剁不掉为宜

图 2-69　浇水养护

2.2.4　水磨石地面抹灰

水磨石是属于较高级的建筑地面工程之一，可根据设计和使用要求做成各种彩色图案，具有表面平整光滑、外观美以及不起灰等特点，目前可广泛使用于工业和民用建筑的楼面、地面工程，如图 2-70 所示。

2.2.4.1　材料要求与施工准备

水泥最好采用 425# 以上的普通水泥或者白水泥，并且采用同厂同期生产的、安定性合格的产品，以保证水磨石的质量和色泽。

砂宜用中砂，或中、粗砂混合掺用。颗粒干净、坚硬，含泥量不要超过 3%。要求过 8mm 筛，除去杂质。

石子的粒径一般兼用 4～12mm，采用坚硬可磨的岩石，如大理石、白云石，其最大粒径应比水磨石厚度小 1～2mm。石子粒径过大，不易压平，不易挤密实。石子有白色和彩色两类，色彩根据设计要求选用。石子要按不同规格、

图 2-70　水磨石地面

品种以及颜色分别堆放，使用前应淘洗干净，加盖存放。

颜料通常应选用矿物性颜料及无机颜料，应有一定的细度和着色力，耐碱、耐光，不得含有硅酸盐类和其他杂质。颜料掺量为水泥重量的 5%，而且不得大于水泥用量的 12%，

草酸可采用块状或粉状，颜色必须满足磨石子的要求，另外还应备好煤油、松香水、鱼油、白蜡等。

分格嵌条（图 2-71）可以采用玻璃条、铝铜条以及塑料条等，其尺寸按需要选用，长度一般为 1200mm，宽度为 10～12mm，厚度：铝铜条为 1～2mm；玻璃条为 3mm；塑料条为 2～3mm。厚铜板裁成 10mm 宽，长度由分格尺寸确定。

(a) 分格嵌条　　　　　　　　　(b) 铝铜条

图 2-71　分格嵌条

水磨石机具除抹灰常用的工具以外，还应准备好靠尺、抹子、手拉滚筒、磨石子机和淘米箩等，如图 2-72 所示。

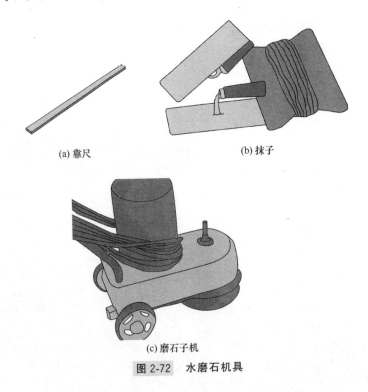

(a) 靠尺　　　　　　　　　(b) 抹子

(c) 磨石子机

图 2-72　水磨石机具

2.2.4.2 施工步骤

现浇水磨石地面面层应在地面结构验收完，屋面做好防水层，完成顶棚和墙面抹灰以后，再做水磨石地面面层。其施工步骤如下。

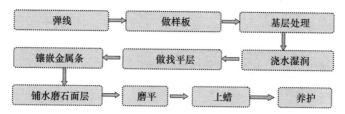

（1）弹线（图2-73）

（2）做样板（图2-74）

在四周墙面上按设计要求的标高弹好水平线，按每个房间的实际尺寸确定镶边线和分格条的尺寸

在确定镶边线时应考虑到与相连的房间部位的镶边线是否通顺

按设计要求做样板，彩色水磨石应按颜色深浅不同多做几块小样板供设计单位选用

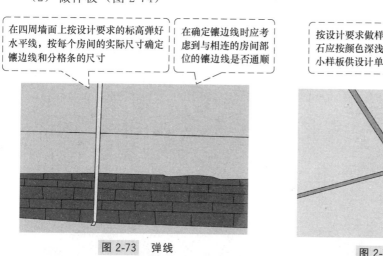

图2-73 弹线

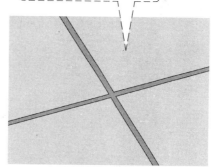

图2-74 做样板

（3）基层处理（图2-75）

（4）浇水湿润（图2-76）

将基层的灰砂、垃圾、油污清除干净，对疏松处应剔除干净，并做补强处理

检查地漏、预埋件或预留孔洞等是否安排妥当

(a)

(b)

图2-75 基层处理

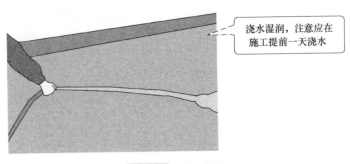

浇水湿润，注意应在施工提前一天浇水

图 2-76　浇水湿润

（5）做找平层（图 2-77）

（6）镶嵌金属条（图 2-78）

（7）铺水磨石面层（图 2-79）

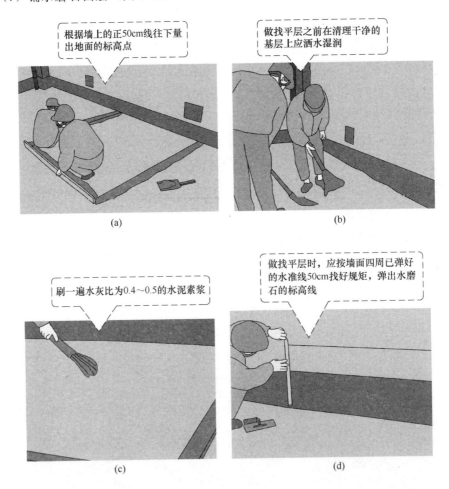

根据墙上的正50cm线往下量出地面的标高点

做找平层之前在清理干净的基层上应洒水湿润

(a)

(b)

刷一遍水灰比为0.4～0.5的水泥素浆

做找平层时，应按墙面四周已弹好的水准线50cm找好规矩，弹出水磨石的标高线

(c)

(d)

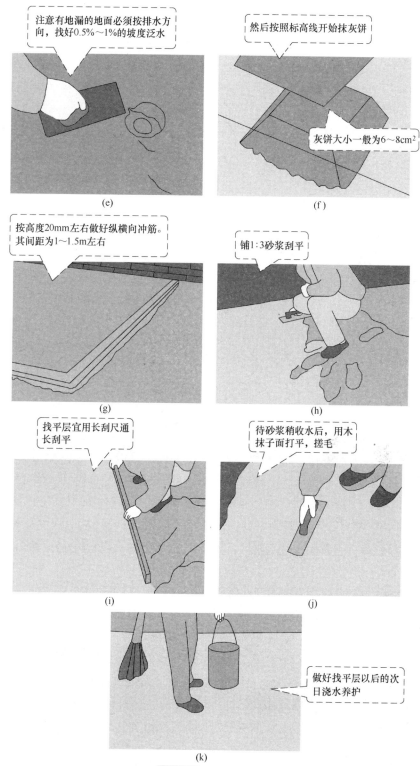

图 2-77　做找平层

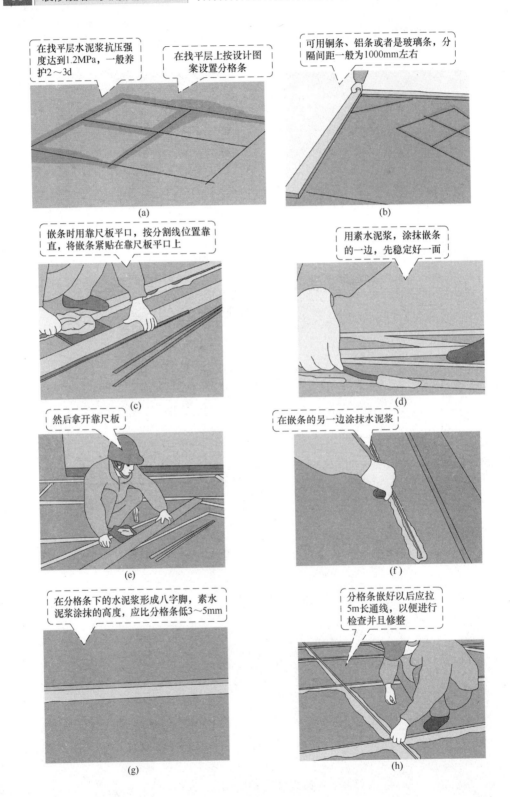

在找平层水泥浆抗压强度达到1.2MPa，一般养护2～3d

在找平层上按设计图案设置分格条

(a)

可用铜条、铝条或者是玻璃条，分隔间距一般为1000mm左右

(b)

嵌条时用靠尺板平口，按分割线位置靠直，将嵌条紧贴在靠尺板平口上

(c)

用素水泥浆，涂抹嵌条的一边，先稳定好一面

(d)

然后拿开靠尺板

(e)

在嵌条的另一边涂抹水泥浆

(f)

在分格条下的水泥浆形成八字脚，素水泥浆涂抹的高度，应比分格条低3～5mm

(g)

分格条嵌好以后应拉5m长通线，以便进行检查并且修整

(h)

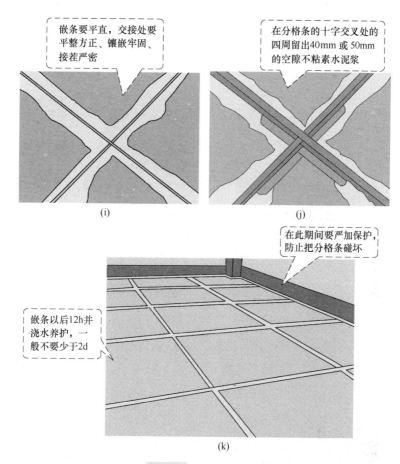

图 2-78　镶嵌金属条

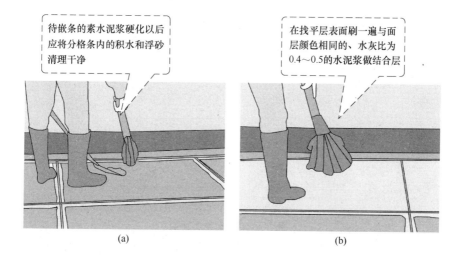

图 2-79

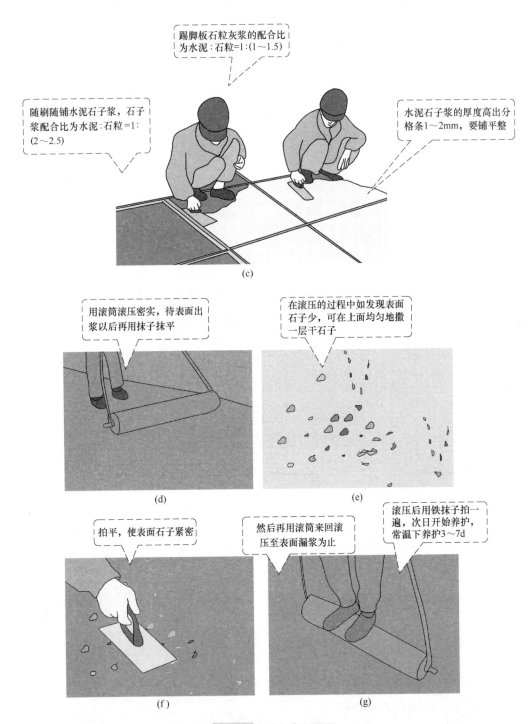

图 2-79　铺水磨石面层

（8）磨平（图 2-80～图 2-82）。

水磨石开磨前应先试磨，以表面石砾不松动、不脱落，水泥浆面与石砾浆面基本平齐为准

水磨石面层应使用磨石分次磨光

图 2-80　试磨

① 第一遍磨平浆面并养护（图 2-81）

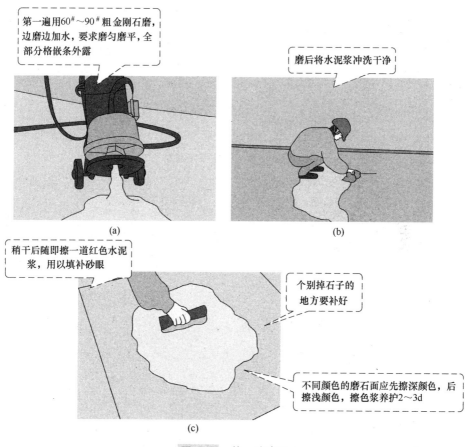

第一遍用60#～90#粗金刚石磨，边磨边加水，要求磨匀磨平，全部分格嵌条外露

磨后将水泥浆冲洗干净

(a)

(b)

稍干后随即擦一道红色水泥浆，用以填补砂眼

个别掉石子的地方要补好

不同颜色的磨石面应先擦深颜色，后擦浅颜色，擦色浆养护2～3d

(c)

图 2-81　第一遍磨平

② 第二遍磨至表面光（图 2-82）

（9）上蜡　水磨石面层上蜡工序应在面层其他工序全部完成之后进行，如图2-83所示。

（10）养护（图 2-84）

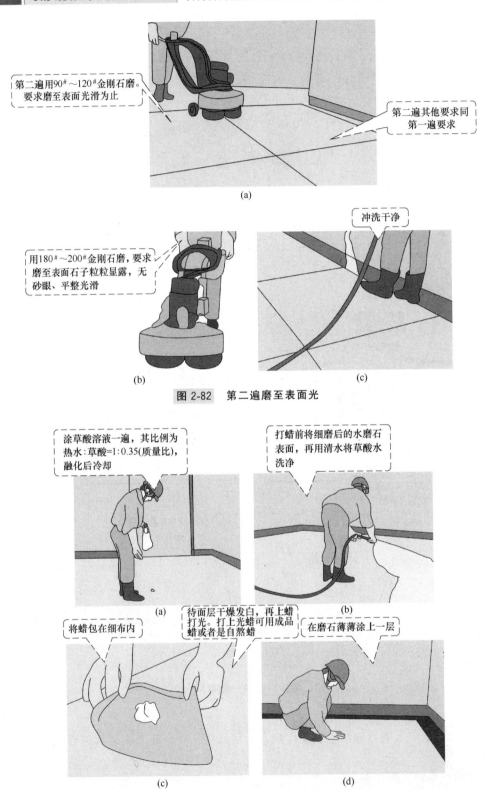

第二遍用90#～120#金刚石磨。要求磨至表面光滑为止

第二遍其他要求同第一遍要求

(a)

冲洗干净

用180#～200#金刚石磨，要求磨至表面石子粒粒显露，无砂眼、平整光滑

(b)

(c)

图 2-82　第二遍磨至表面光

涂草酸溶液一遍，其比例为热水:草酸=1:0.35(质量比)，融化后冷却

打蜡前将细磨后的水磨石表面，再用清水将草酸水洗净

(a)

(b)

将蜡包在细布内

待面层干燥发白，再上蜡打光。打上光蜡可用成品蜡或者是自熬蜡

在磨石薄薄涂上一层

(c)

(d)

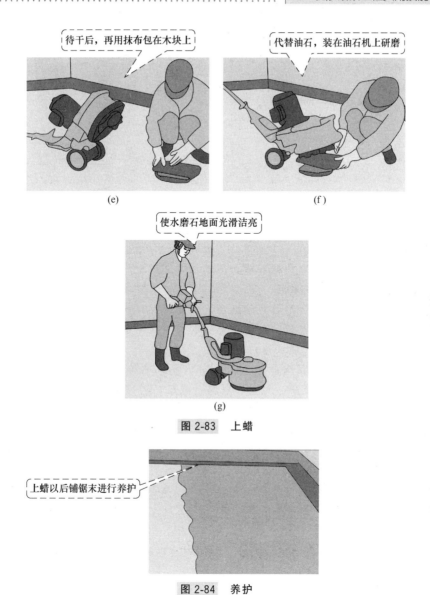

待干后，再用抹布包在木块上

(e)

代替油石，装在油石机上研磨

(f)

使水磨石地面光滑洁亮

(g)

图 2-83　上蜡

上蜡以后铺锯末进行养护

图 2-84　养护

2.3　墙体施工

在装修过程中，设计师经常会根据业主的需要改造房间原有的布局，这就不可避免地涉及原建筑墙体的拆除和重建。

2.3.1　拆墙、砌墙施工流程

2.3.1.1　拆除原墙体

拆除原墙体如图 2-85 所示。

图 2-85 拆除原墙体

经验指导

① 拆墙时应注意，不准破坏外墙面，不准破坏承重结构，不准拆顶面横梁，不能损坏楼下或者隔壁墙体的成品。

② 拆地面砖时注意要预防打裂楼板层，新开楼梯口四周要使用切割机切割。

③ 原有煤气管道以及电话、电视、电脑和门铃线等由于墙体拆除改位后，应进行保护，不得随意切断或者埋入墙内。

④ 检查原建筑的梁、柱及楼地面。尤其需要注意检查墙体等结构是否存在缺陷，如楼地面是否漏水、空鼓、起壳、脱层、裂缝；外墙是否渗水入室内；墙体垂直与否，是否有裂缝、脱层；梁柱是否平直；原顶棚是否平整等。上述各项均需符合建筑验收标准，发现问题要及时提出，以便明确责任，方便处理。

⑤ 堵塞住地漏、排水，并做好现场成品保护，防止拆除施工时碎石等物掉入管道堵塞管道以及损坏现场成品。

⑥ 拆外门、窗以及拆阳台地砖、瓷片要注意施工方法，做好保护措施，避免拆除时碎石坠落伤人。

2.3.1.2 砌墙

室内隔墙有砖墙与石膏板隔墙两种，其中石膏板隔墙属于木工的施工范畴。砌墙施工见图 2-86。

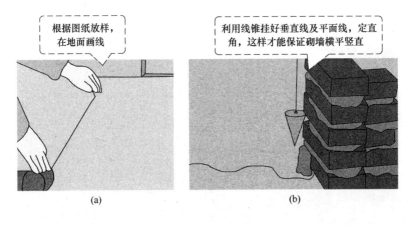

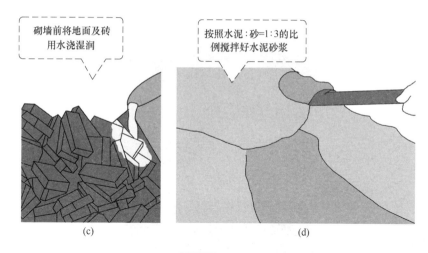

图 2-86   砌墙

砌墙有很多种砌法，比如一顺一丁、梅花丁以及三顺一丁式砌法等，这些砌法都是为了使砖位错开，让砖墙更为牢固，如图 2-87 所示。

图 2-87   砌墙的多种砌法

砌墙要注意其是否安全牢固、实用可靠。保证砌墙安全性的措施如图 2-88 所示。

经验指导

砌墙的灰缝宽度以 10mm 为宜，砌墙的高度一天控制在 2m 以内为宜。

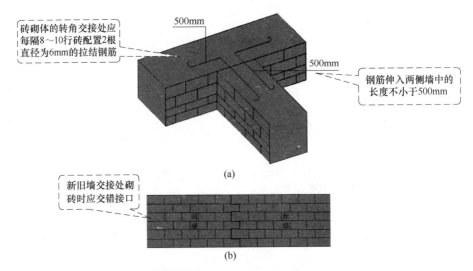

砖砌体的转角交接处应每隔8～10行砖配置2根直径为6mm的拉结钢筋

500mm

500mm

钢筋伸入两侧墙中的长度不小于500mm

(a)

新旧墙交接处砌砖时应交错接口

旧墙　新墙

(b)

图 2-88　保证砌墙安全性的措施

2.3.2　轻钢龙骨石膏板隔墙施工

轻钢龙骨石膏板隔墙施工见图 2-89。

石膏板隔墙易在接缝处开裂，为了防止出现这类问题，可以在基层面接缝处用油刷涂上白乳胶

然后在接缝处粘贴一层50mm宽的网格绷带或牛皮纸带

(a)

(b)

牛皮纸贴好之后，一定要刮平压实

为了保险起见，最好贴两层牛皮纸；也可以是一层牛皮纸，一层网格绷带

(c)

(d)

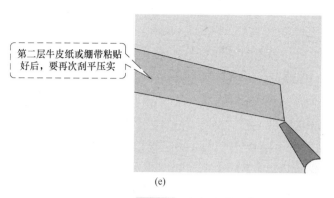

第二层牛皮纸或绷带粘贴好后，要再次刮平压实

图 2-89 轻钢龙骨石膏板隔墙施工

2.3.3 批荡施工流程

在砖墙的基础上批上一层平整的水泥砂浆层之后就可在批荡层上进行贴砖或者扇灰、刷乳胶漆等施工，批荡施工见图 2-90。

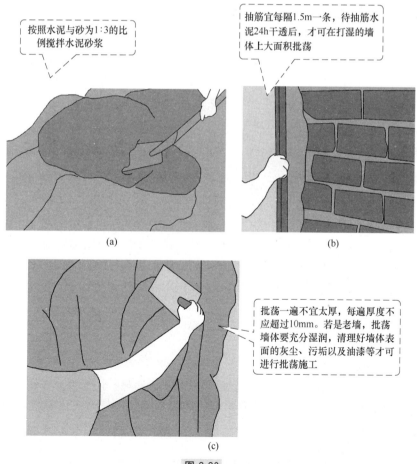

按照水泥与砂为1:3的比例搅拌水泥砂浆

抽筋宜每隔1.5m一条，待抽筋水泥24h干透后，才可在打湿的墙体上大面积批荡

批荡一遍不宜太厚，每遍厚度不应超过10mm。若是老墙，批荡墙体要充分湿润，清理好墙体表面的灰尘、污垢以及油漆等才可进行批荡施工

(a)

(b)

(c)

图 2-90

图 2-90　批荡施工流程

经验指导

① 批荡之前应清理干净作业面的灰尘、污垢和油渍等，并洒水湿润。

② 室内批荡应待上下水和天然气等管道安装之后进行。批荡之前必须填嵌密实管道穿过的墙洞和楼板洞。

③ 批荡施工时，应待前一层批荡层凝结之后，方可抹后一层。批荡在凝结前应避免水冲、撞击和振动。

④ 批荡厚度要求。水泥砂浆批荡每遍厚度为 5～7mm。批荡总厚度要求如下：顶棚、板条、空心砖以及现浇混凝土为 15mm，预制混凝土为 18mm，金属网为 20mm。内墙：普通批荡为 18mm，中级批荡为 20mm，高级批荡为 25mm。

2.3.4　包立管施工流程

卫生间有下水管等一些给排水管道，这些管道不仅会直接影响美观，而且水流声昼夜不停会影响到日常生活，特别是主卧带卫生间的结构，影响更为严重。这种情况可以通过包立管的方式来解决。所谓"包立管"通常指的是在装修的时候，采用隔音材料将厨房与卫生间的下水管道和给水管道的立管用装饰材料包起来，然后砌砖墙把管道封闭起来，从而美化空间并且能够达到良好的降噪、防潮效果，同时解决常常结露、侵蚀、发霉等问题。

包立管工序主要有使用橡塑板包裹水管隔音防潮、橡塑板包裹横管、白胶带包裹固定、轻质砖围砌立管 4 个步骤。

2.3.4.1　用橡塑板进行包管

橡塑板是一种高级吸音材料，吸音降噪效果十分明显，同时可以缓和管内外的温差，降低管壁表面结露的概率，具有很好的防潮功能。用橡塑板色管施工如图 2-91 所示。

2.3.4.2　橡塑板包横管

立管包裹结束后，顶面的横管同样需要包管，如图 2-92 所示。由于横管产生噪

图 2-91 用橡塑板包管

声的可能性更大，且更容易形成结露。若卫生间安装吊顶的话，横管产生的结露还容易在吊顶的面层及龙骨架下形成水滴，产生难看的水垢斑点，导致霉变和侵蚀。

2.3.4.3 使用白胶带固定

使用白胶带固定见图 2-93。

> 立管和横管用橡塑板包裹后，需要使用工程专用白胶带固定，使橡塑板与管壁紧密地结合在一起

> 注意白胶带结合要松紧适中，橡塑板接缝处不宜留有缝隙，要将管道外壁包紧严密，起到良好的降噪和防结露效果

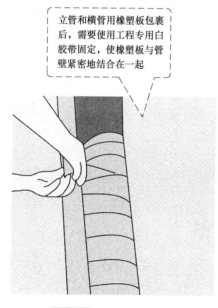

图 2-92 橡塑板包横管

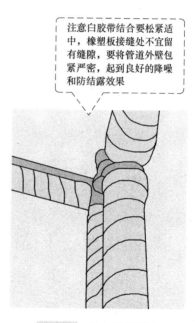

图 2-93 用白胶带固定

经验指导

一圈又一圈缠绕白胶带，不是浪费材料增加成本，而是为了今后生活环境的安静、干燥和舒心。

2.3.4.4 灰砖围砌立管

在立管包裹完毕之后，用轻质灰砖将立管围砌起来。这样能够更有利于后续墙砖的铺贴，同时进一步隔绝了噪声和外界的潮湿空气，增强了对立管的保护作用，如图 2-94所示。

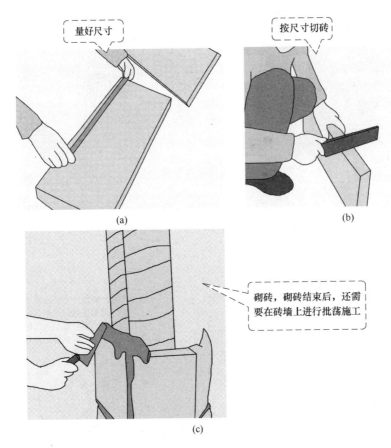

量好尺寸

(a)

按尺寸切砖

(b)

砌砖，砌砖结束后，还需要在砖墙上进行批荡施工

(c)

图 2-94   灰砖围砌立管

2.4   墙面大理石（花岗岩）镶贴

大理石饰面板为一种高级装饰材料，被用于高级建筑物的装饰面。大理石的花纹色彩丰富、绚丽美观，用大理石装饰的工程，更显富丽堂皇。大理石适用范围比较广，可作为高级建筑中的墙面（图 2-95）、柱面以及窗台、楼地板、卫生间梳妆台、楼梯踏步等。

图 2-95   大理石墙面

2.4.1   外墙干挂大理石

干挂就是用标准干挂件如角铁、膨胀螺丝等将大理石固定在墙面，适用于质量较重的外墙大理石

施工。其施工步骤如下所示。

2.4.1.1 挑选石材并钻孔

挑选石材并钻孔施工见图 2-96。

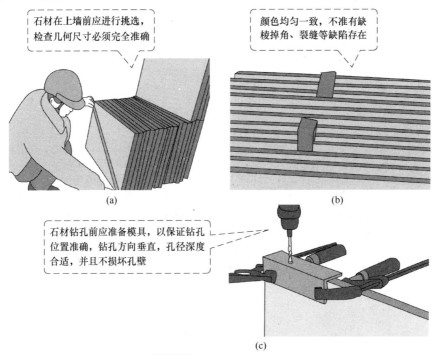

石材在上墙前应进行挑选，检查几何尺寸必须完全准确

颜色均匀一致，不准有缺棱掉角、裂缝等缺陷存在

石材钻孔前应准备模具，以保证钻孔位置准确，钻孔方向垂直，孔径深度合适，并且不损坏孔壁

(a)　　　　(b)

(c)

图 2-96　挑选石材并钻孔

2.4.1.2 弹线

弹线施工见图 2-97。

按石材的实际尺寸放线

在墙或柱面上分块弹出水平线和垂直线

(a)　　　　(b)

图 2-97

图 2-97　弹线

2.4.1.3　固定钢架

固定钢架施工见图 2-98。

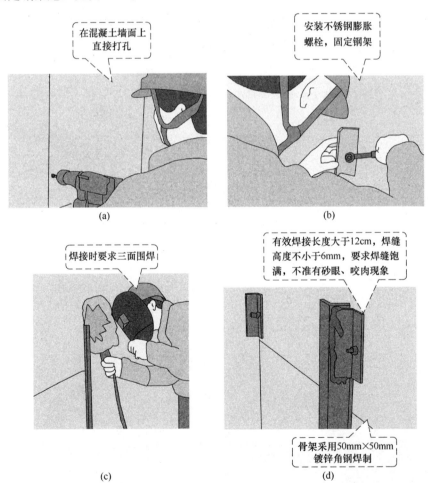

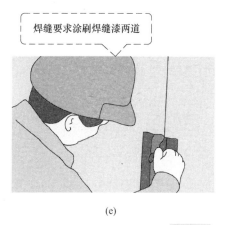

焊缝要求涂刷焊缝漆两道

角钢骨架根据石材大小具体布置，但是角钢骨架尺寸最大不得超过1m×1m

(e)   (f)

图 2-98 固定钢架

2.4.1.4 安装石材

安装石材步骤如图 2-99 所示。

安装石材应由下向上逐层安装

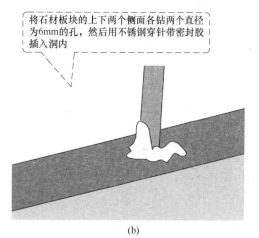

将石材板块的上下两个侧面各钻两个直径为6mm的孔，然后用不锈钢穿针带密封胶插入洞内

(a)   (b)

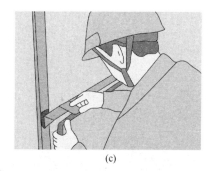

可以上下左右前后稍微移动，调整石材板块的位置后予以固定

(c)

图 2-99 安装石材

2.4.1.5 检查

检查施工见图 2-100。

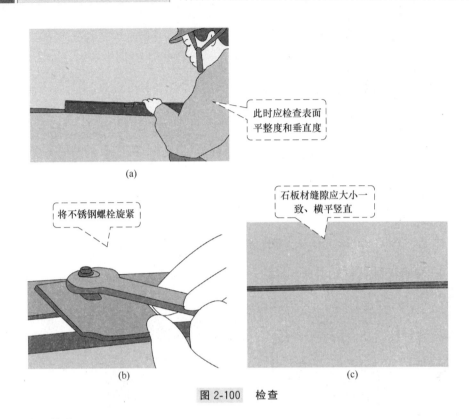

此时应检查表面平整度和垂直度

(a)

将不锈钢螺栓旋紧

(b)

石板材缝隙应大小一致、横平竖直

(c)

图 2-100　检查

2.4.1.6　填塞

填塞施工方法见图 2-101。

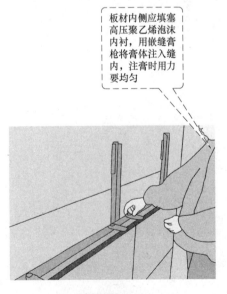

板材内侧应填塞高压聚乙烯泡沫内衬，用嵌缝膏枪将膏体注入缝内，注膏时用力要均匀

图 2-101　填塞

经验指导

① 要注意角铁的平整度，其平整度直接影响到大理石的平整度。

② 有些干挂需要用角铁在现场用电焊焊好架子。在施工时要注意大理石的大小尺寸，挂大理石之前要确定哪些大理石是要挂物件的，比如电视机等。在烧焊时，按电视机的挂架要求安装好特制的螺钉，以备在安装大理石时好挂电视机的挂架。

③ 在安装大理石时按花纹顺序安装，通过云石胶增强固定，再用干挂胶在大理石和角铁架上连接。保证云石胶和干挂胶足量从而确保大理石的粘贴强度。

④ 在粘贴大理石时不要把胶弄到大理石面上，如果被胶粘到要及时清理干净。大理石铺贴好之后应及时保护。

2.4.2 外墙湿挂大理石

湿挂也是贴外墙用质量较大的大理石时最常用的施工方法之一。其施工步骤如下。

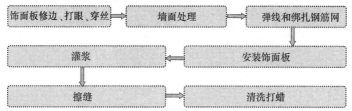

2.4.2.1 饰面板修边、打眼、穿丝

饰面板修边打眼、穿丝施工见图 2-102。

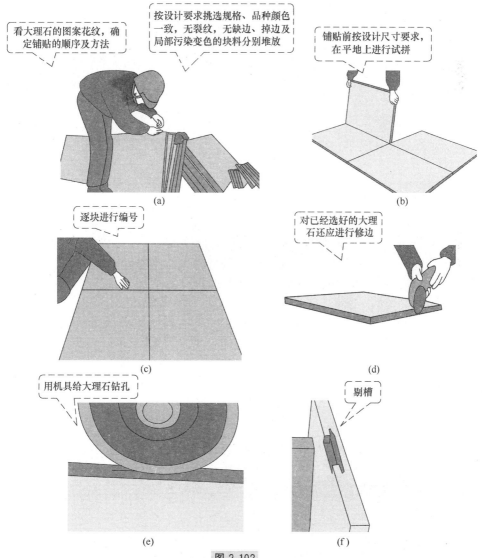

图 2-102

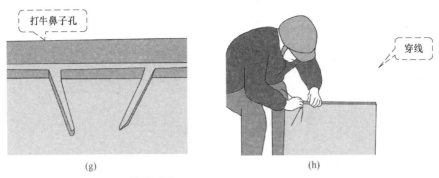

图 2-102　饰面板修边、打眼、穿丝

经验指导

　　每块板的竖面上下两面钻孔均不得少于 2 个，如板宽超过 500mm 则不少于 3 个。打眼的位置应与基层上的钢筋网的横向钢筋位置相对应。牛鼻子孔一般在板材断面的背面 2/3 处。用铅笔画好钻孔位置，相应的背面也画好钻孔位置。距边缘不少于 30mm，然后钻孔，使竖孔、横孔相连通，孔径为 5mm。悬脸要打三面牛鼻子孔能满足穿线即可。

2.4.2.2　墙面处理

　　墙面处理施工见图 2-103。

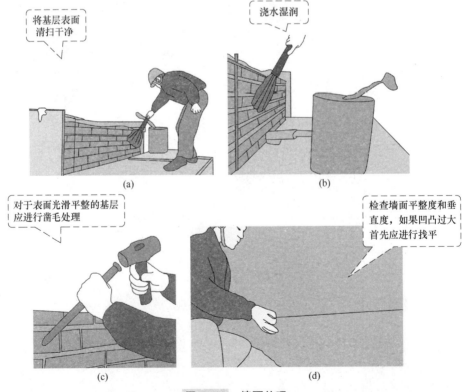

图 2-103　墙面处理

2.4.2.3 弹线和绑扎钢筋网

弹线和绑扎钢筋网施工见图 2-104。

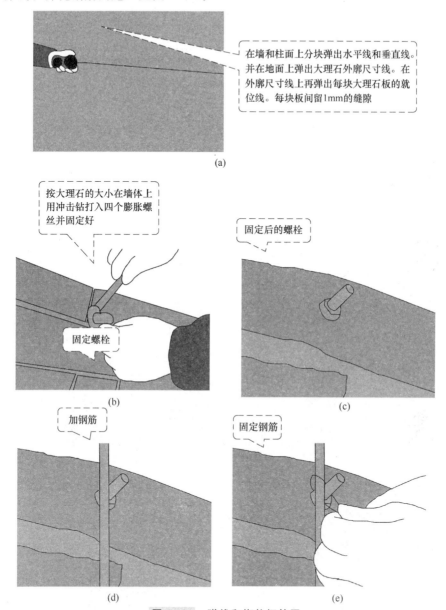

在墙和柱面上分块弹出水平线和垂直线。并在地面上弹出大理石外廓尺寸线。在外廓尺寸线上再弹出每块大理石板的就位线。每块板间留1mm的缝隙

(a)

按大理石的大小在墙体上用冲击钻打入四个膨胀螺丝并固定好

固定螺栓

(b)

固定后的螺栓

(c)

加钢筋

(d)

固定钢筋

(e)

图 2-104　弹线和绑扎钢筋网

经验指导

　　固定饰面所用的钢筋网采用的是 φ6 双面钢筋网。依据弹好的控制线与基层的预埋件绑牢或焊牢。钢筋网竖向钢筋间距不大于500mm，横向钢筋和块材连接捆绑的位置一致。第一道横向钢筋绑在第一层板材下口上面约100mm 处，之后每道钢筋都绑在该层板材上口低10~20mm 处。

2.4.2.4　安装饰面板

安装饰面板施工见图 2-105。

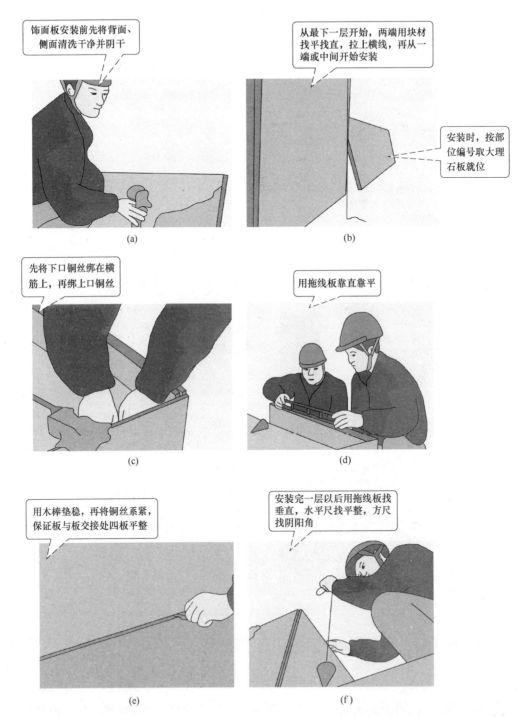

饰面板安装前先将背面、侧面清洗干净并阴干

从最下一层开始，两端用块材找平找直，拉上横线，再从一端或中间开始安装

安装时，按部位编号取大理石板就位

(a)　　　　　　　(b)

先将下口铜丝绑在横筋上，再绑上口铜丝

用拖线板靠直靠平

(c)　　　　　　　(d)

用木棒垫稳，再将铜丝系紧，保证板与板交接处四板平整

安装完一层以后用拖线板找垂直，水平尺找平整，方尺找阴阳角

(e)　　　　　　　(f)

图 2-105 安装饰面板

固定大理石

在面板表面横竖接缝处每隔100～150mm用调成糊状的石膏浆予以粘接，临时固定石板

(g)　　　(h)

2.4.2.5　灌浆

待石膏凝结硬化后就可用 1∶(1.5～2.5) 的水泥砂浆，稠度一般为 8～12mm，分层灌入石板内部缝隙。灌浆施工如图 2-106 所示。

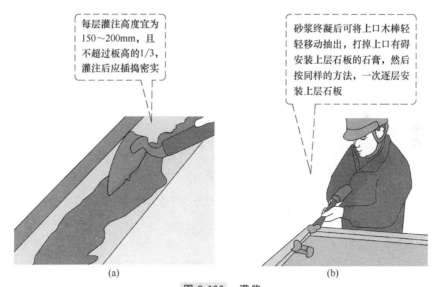

每层灌注高度宜为150～200mm，且不超过板高的1/3，灌注后应插捣密实

砂浆终凝后可将上口木棒轻轻移动抽出，打掉上口有碍安装上层石板的石膏，然后按同样的方法，一次逐层安装上层石板

(a)　　　(b)

图 2-106　灌浆

经验指导

待下层砂浆初凝以后才能灌注上层砂浆，最后一层砂浆应当只灌至石板上口水平接缝以下 50～100mm 处，所留余量以作为安装上层石板的结合层，当最后一层砂浆初凝后方可清理擦净石板上口余浆。

2.4.2.6　擦缝

全部石板安装完毕以后应检查一下有无空鼓、不平、不直等现象，发现问题应及时进行补救，如图 2-107 所示。

图 2-107　擦缝

2.4.2.7　清洗、打蜡

全部工程完工之后，表面应清洗干净晾干以后再进行打蜡、擦亮工序。

2.4.3　内墙面大理石铺贴施工

内墙也有铺贴大理石的情况，以下为内墙铺贴大理石的工序。

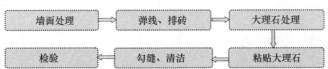

2.4.3.1　墙面处理

墙面处理如图 2-108 所示。

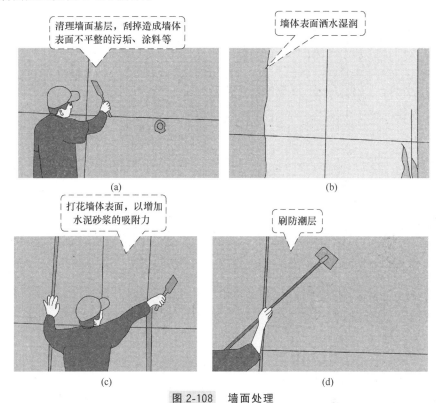

图 2-108　墙面处理

2.4.3.2　弹线、排砖

弹线、排砖如图 2-109 所示。

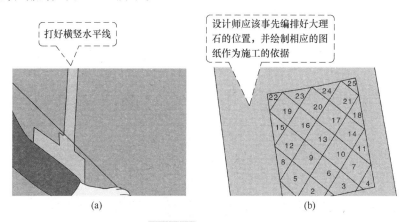

图 2-109　弹线、排砖

2.4.3.3　大理石处理

大理石处理如图 2-110 所示。

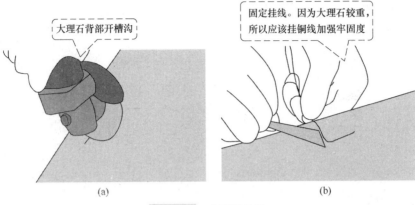

图 2-110　大理石处理

2.4.3.4　粘贴大理石

粘贴大理石如图 2-111 所示。

图 2-111　粘贴大理石

2.4.3.4　勾缝、清洁

勾缝、清洁如图 2-112 所示。

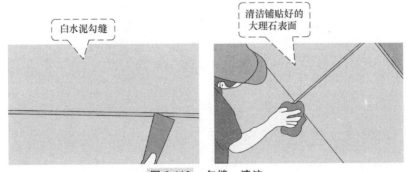

图 2-112　勾缝、清洁

2.4.3.5　检验

检验如图 2-113 所示。

图 2-113　检验

2.4.4　窗台铺贴

目前很多住宅建筑都会设计大飘台。这种飘台的处理一般是以贴大理石为主，当然也有少部分窗台会贴瓷砖或者人造石等材料。窗台铺贴的工序如下所示。

2.4.4.1　基层处理

基层处理如图 2-114 所示。

2.4.4.2　铺底层

铺底层如图 2-115 所示。

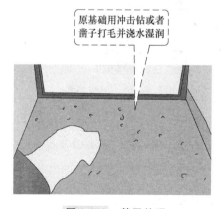

图 2-114　基层处理

图 2-115　铺底层

2.4.4.3　刮水泥浆

刮水泥浆如图 2-116 所示。

2.4.4.4　粘贴大理石

粘贴大理石如图 2-117 所示。

2.4.4.5　清洁

清洁如图 2-118 所示。

刮水泥浆

图 2-116　刮水泥浆

将根据窗台大小开好料的大理石贴于水泥浆上，并用橡皮锤敲实

图 2-117　粘贴大理石

2.4.4.6　贴保护膜

贴保护膜如图 2-119 所示。

用抹布清洁大理石面层

图 2-118　清洁

大理石面层贴保护膜保护，保护膜可采用珍珠棉或者包装纸等材料

图 2-119　贴保护膜

经验指导

① 窗台石的安装通常不超出墙 20mm。铺贴窗台大理石前，正面需要进行磨边处理。

② 门槛石一般也会采用大理石或花岗石。门槛石安装应在铺地砖的时候同时铺好。门槛石需要到厂家预订，其预订尺寸要准确，要经磨边处理。厨房、卫生间以及阳台的门槛石铺贴应注意做好防水。

2.5　内墙瓷砖铺贴

2.5.1　瓷砖进场检查

瓷砖是装修的一种主要材料，瓷砖的选择及铺贴直接影响到未来空间的美观，因此不容轻视。瓷砖在进场时要检查外包装，要求包装完好，品牌完整清晰，产品合格证、质量合格证齐备。此外，要注意外包装胶带封条有无被撕开过的痕迹。

瓷砖背景墙检查可先在地面按照画面试铺，试铺时要注意砖与砖之间保留一定的缝隙，不能砖碰砖造成崩角。通常来说，瓷砖背景墙属于定制产品，一些知名品牌对每一款用户产品都会通过严格的品检后发货，出问题的概率比较小。但是一些小厂家或者拿货销售的网上品牌质量是很难控制的，出问题的概率很大，所以要特别注意。

在包装检查后，就该检查瓷砖的质量，要点如下。

（1）瓷砖的品类、等级、颜色、规格与当初选择的一致与否　检查时，要求在瓷砖下铺垫塑料或者泡沫作为保护，这是为了避免瓷砖与地面撞击，造成人为损伤，同时也防止因为毛坯不平影响瓷砖的检查。如有误差必须通知业主，待业主同意之后方可施工。

（2）检查尺寸大小一致与否，检查其平直度和是否有翘曲（图 2-120）　通过细致的对比检查，将存在色差大、尺寸不一致、棱角缺损及翘曲变形等严重缺陷的砖换掉。

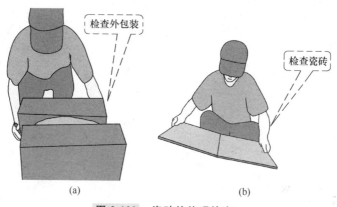

检查外包装

检查瓷砖

(a)　　　　　　　　　(b)

图 2-120　瓷砖的外观检查

瓷砖检查完毕后，需要将瓷砖放入水中浸泡（图 2-121）。这是由于釉面砖采用

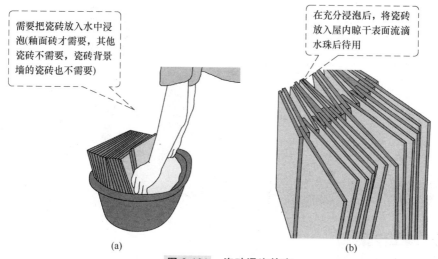

需要把瓷砖放入水中浸泡(釉面砖才需要，其他瓷砖不需要，瓷砖背景墙的瓷砖也不需要)

在充分浸泡后，将瓷砖放入屋内晾干表面流滴水珠后待用

(a)　　　　　　　　　(b)

图 2-121　瓷砖浸泡检查

陶土制成，本身就有一定的吸水性，未经过浸泡就铺贴，瓷砖会快速吸收水泥砂浆中的水分，导致水泥砂浆凝结速度过快，易造成瓷砖空鼓。

> **经验指导**
>
> 釉面砖浸泡于水池中 2h 以上，晾干表面水分再使用，绝不能采用淋冲的方式浇湿瓷片。

2.5.2　施工工具

内墙面瓷砖铺贴的施工工具见图 2-122。

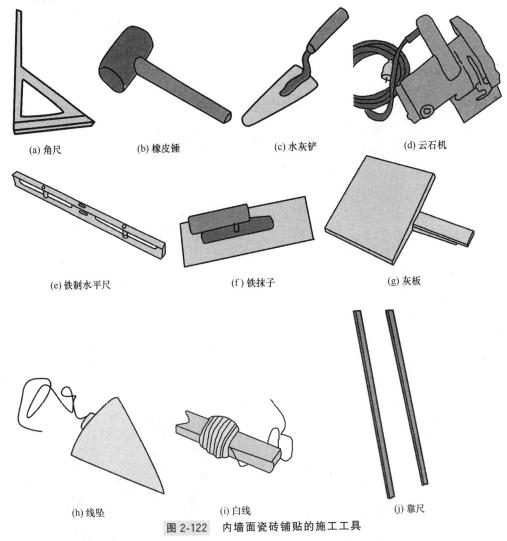

| (a) 角尺 | (b) 橡皮锤 | (c) 水灰铲 | (d) 云石机 |

| (e) 铁制水平尺 | (f) 铁抹子 | (g) 灰板 |

| (h) 线坠 | (i) 白线 | (j) 靠尺 |

图 2-122　内墙面瓷砖铺贴的施工工具

2.5.3　施工步骤

内墙面瓷砖铺贴的施工步骤如下所示。

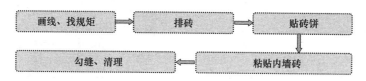

2.5.3.1 画线、找规矩

画线、找规矩施工如图 2-123 所示。

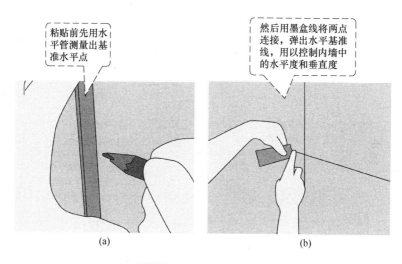

粘贴前先用水平管测量出基准水平点

然后用墨盒线将两点连接，弹出水平基准线，用以控制内墙中的水平度和垂直度

(a)　　　　　　　　(b)

图 2-123　画线、找规矩

2.5.3.2 排砖

铺砖之前要预先排砖（图 2-124），排砖工作有很多技巧，要将非整砖排在不明显的阴角处，同一墙面横竖排列的非整砖不可超过一行。

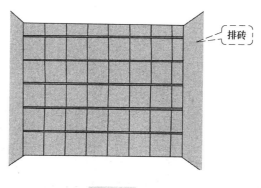

排砖

图 2-124　排砖

2.5.3.3 贴砖饼

内墙砖粘贴之前，在每面墙上下粘贴不少于 4 块砖饼，如图 2-125 所示。

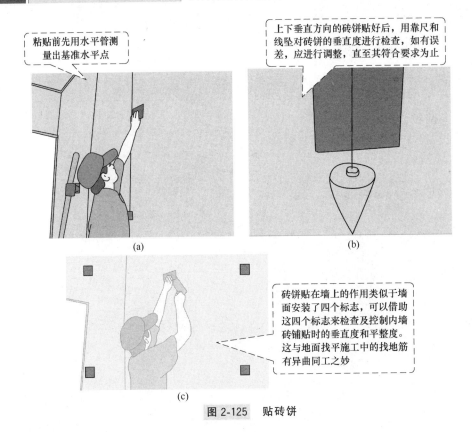

图 2-125　贴砖饼

经验指导

　　铺贴之前应进行放线定位并根据墙面宽度与瓷片规格尺寸进行试排，其施工要点如下：①非整砖放在次要部位或者阴角处；②非整砖宽度不宜小于整砖的 1/3；③注意花砖的位置、腰线的布置情况。腰线通常不高于 1200mm、不低于 900mm，不允许被水龙头和底盒等破坏。

2.5.3.4　粘贴内墙砖

　　粘贴内墙砖施工如图 2-126 所示。

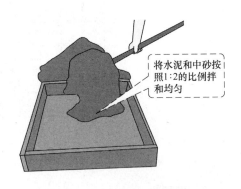

(a)　　　　　　　　　　　　　　　　　　(b)

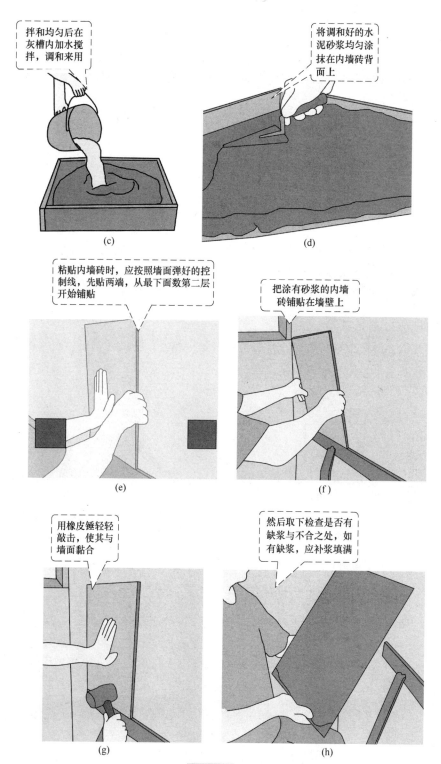

图 2-126

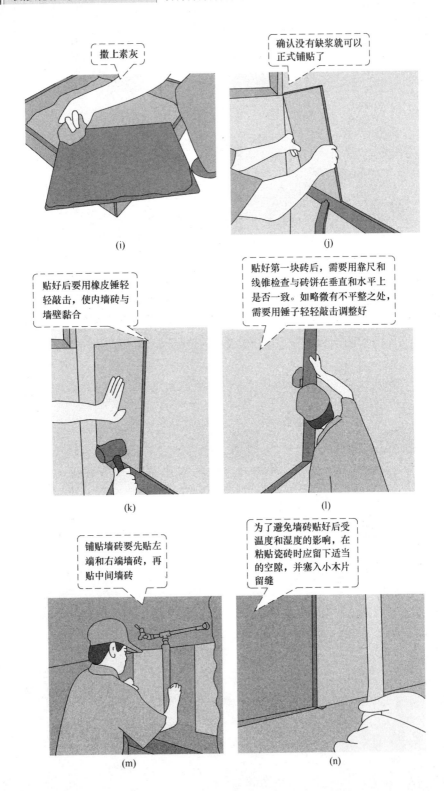

撒上素灰

(i)

确认没有缺浆就可以正式铺贴了

(j)

贴好后要用橡皮锤轻轻敲击，使内墙砖与墙壁黏合

(k)

贴好第一块砖后，需要用靠尺和线锥检查与砖饼在垂直和水平上是否一致。如略微有不平整之处，需要用锤子轻轻敲击调整好

(l)

铺贴墙砖要先贴左端和右端墙砖，再贴中间墙砖

(m)

为了避免墙砖贴好后受温度和湿度的影响，在粘贴瓷砖时应留下适当的空隙，并塞入小木片留缝

(n)

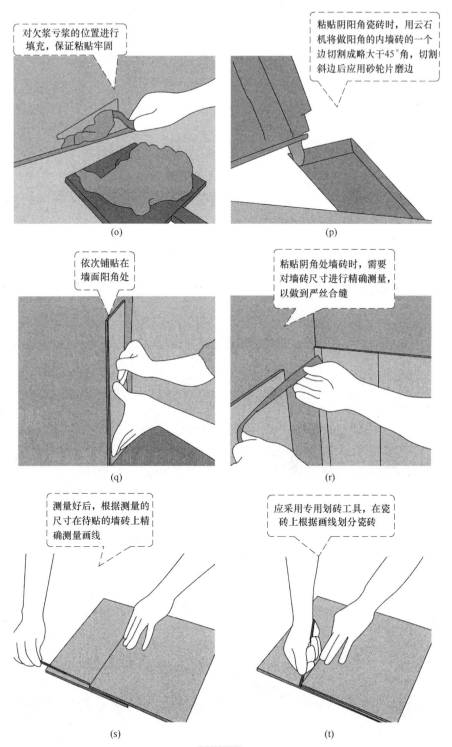

对欠浆亏浆的位置进行填充，保证粘贴牢固

(o)

粘贴阴阳角瓷砖时，用云石机将做阳角的内墙砖的一个边切割成略大于45°角，切割斜边后应用砂轮片磨边

(p)

依次铺贴在墙面阳角处

(q)

粘贴阴角处墙砖时，需要对墙砖尺寸进行精确测量，以做到严丝合缝

(r)

测量好后，根据测量的尺寸在待贴的墙砖上精确测量画线

(s)

应采用专用划砖工具，在瓷砖上根据画线划分瓷砖

(t)

图 2-126

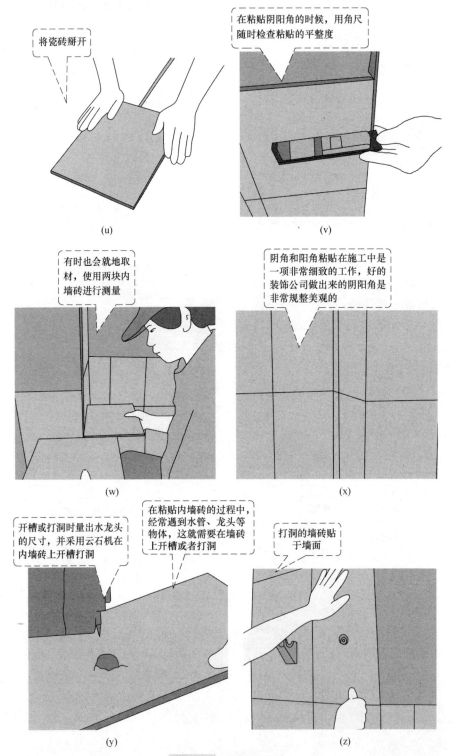

将瓷砖掰开

(u)

在粘贴阴阳角的时候，用角尺随时检查粘贴的平整度

(v)

有时也会就地取材，使用两块内墙砖进行测量

(w)

阴角和阳角粘贴在施工中是一项非常细致的工作，好的装饰公司做出来的阴阳角是非常规整美观的

(x)

开槽或打洞时量出水龙头的尺寸，并采用云石机在内墙砖上开槽打洞

在粘贴内墙砖的过程中，经常遇到水管、龙头等物体，这就需要在墙砖上开槽或者打洞

(y)

打洞的墙砖贴于墙面

(z)

图 2-126　粘贴内墙砖

经验指导

① 搅拌好的水泥砂浆必须在 2h 之内用完，不能二次加水使用。

② 推荐采用瓷砖胶铺贴。特别是瓷砖背景墙的铺贴，更是建议采用瓷砖胶铺贴。铺砖之前应先在墙面四周预留最底排瓷片位置，并在最底排瓷片位置之上打一条水平底线，在水平线处钉一长木条以使初贴瓷片稳定。最底排瓷片待贴墙处地砖贴完之后再铺贴，这样可以避免出现地砖膨胀使墙砖开裂的情况，同时还能够让最下层墙砖压住地砖，使得收口美观。

2.5.3.5 勾缝、清理

勾缝、清理如图 2-127 所示。

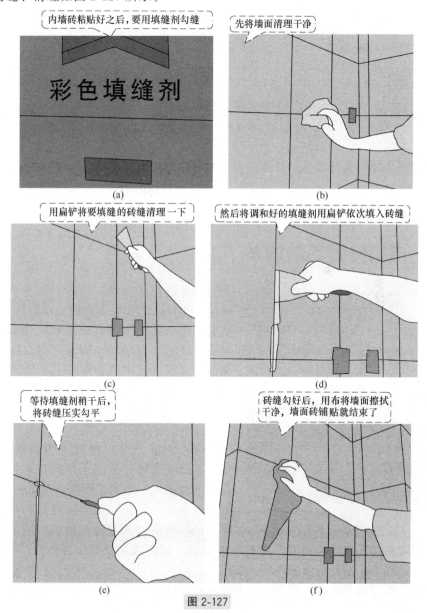

图 2-127

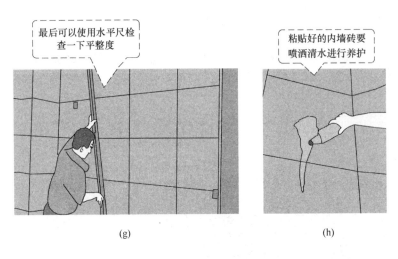

(g) 　　　　　　　　　　　　(h)

图 2-127　勾缝、清理

经验指导

　　瓷砖背景墙的勾缝要特别注意，由于瓷砖背景墙本身属于高档瓷砖种类，且表面画面极其美观，所以瓷砖背景墙勾缝之前不要撕掉表面保护膜，勾缝时要特别小心，防止刮花画面。

2.6　内墙釉面砖的铺贴

图 2-128　釉面砖铺贴示意

　　釉面砖正面挂釉，可以叫瓷砖和釉面瓷砖，是瓷土或优质陶土烧铸而成的饰面材料。底面均为白色，正面有白色和其他颜色，可带有各种花纹和图案，表面光滑、颜色稳定美观。吸水率低，主要用于内墙装饰和经常可擦洗的墙面，如图 2-128 所示。

2.6.1　材料进场检查

　　（1）陶瓷材料　釉面砖的品种、图案、颜色、产品等级以及是否使用配件等，应符合设计要求；产品质量应符合现行有关标准，必须有产品合格证；对不易观察的细裂纹及夹层缺陷最有效而简捷的检测方法是用小金属棒轻轻敲击砖背面，当听到沙哑的声音必是夹层砖或裂纹砖。对掉角、缺棱、开裂、夹层、翘曲和遭受污染的产品应剔除。

　　（2）辅助材料　水泥、砂子、水等各种辅助材料。

2.6.2 施工工具

木抹子、铁抹子、小灰铲、角尺、大木杆、托线板、水平尺、八字靠尺、卷尺、克丝钳、墨斗、尼龙线、刮尺、扫帚、钢扁铲、水桶、水盆、洒水壶、切砖机、合金钢钻子及拌灰工具等。

2.6.3 施工步骤

内墙釉面砖的铺贴工序如下。

2.6.3.1 弹线、排砖

弹线、排砖施工见图 2-129。

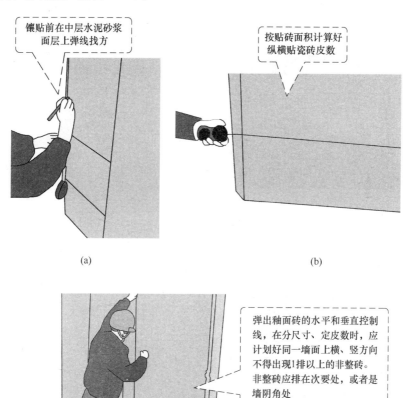

(a)

(b)

(c)

图 2-129　弹线、排砖

2.6.3.2　贴标准点

贴标准点施工见图 2-130。

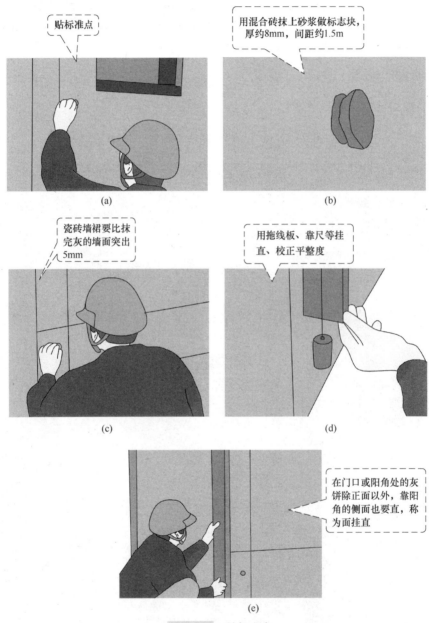

图 2-130　贴标准点

2.6.3.3　浸泡瓷砖

浸泡瓷砖如图 2-131 所示。

2.6.3.4　垫底尺

垫底尺施工见图 2-132。

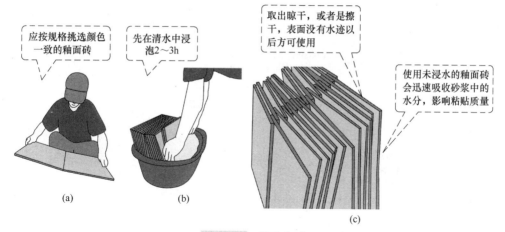

图 2-131 浸泡瓷砖

图 2-132 垫底尺

2.6.3.5 镶面砖

镶面砖的施工见图 2-133。

2.6.3.6 擦缝

擦缝施工见图 2-134。

如用掺有重化胶的水泥浆粘贴，只能用重化胶和水泥掺水

为便于操作，常用掺加少量石灰膏或者纸筋灰的水泥混合砂浆。其配合比为水泥:石灰膏:砂浆=1:0.3:3

(a)

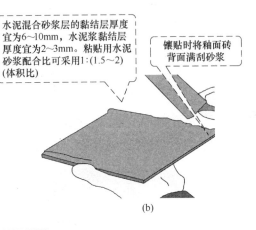

水泥混合砂浆层的黏结层厚度宜为6～10mm，水泥浆黏结层厚度宜为2～3mm。粘贴用水泥砂浆配合比可采用1:(1.5～2)(体积比)

镶贴时将釉面砖背面满刮砂浆

(b)

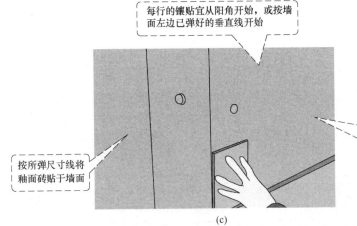

每行的镶贴宜从阳角开始，或按墙面左边已弹好的垂直线开始

贴第一行釉面砖时，釉面砖下头即坐在垫尺上，这样可以防止釉面砖因自重向下滑动，应使其横平竖直，并从下往上逐层进行镶贴

按所弹尺寸线将釉面砖贴于墙面

(c)

用手均匀地用力按压，使其与中层粘贴密实牢固

(d)

镶贴以后用小铲把轻轻地敲击砖面

(e)

并且用靠尺按照标志块将其找平、找方

(f)

如刮灰不满时,应取下瓷砖刮满灰重贴。绝不可在砖口塞灰,以免造成空鼓

(g)

按此方法依次粘贴

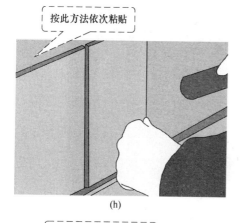

(h)

贴好一皮以后,用长靠尺检查平整度,如有不平整的地方,用小木铲把敲平

(i)

理直砖缝,砖缝控制在1～1.5mm的范围内,而且要保持宽窄一致

(j)

把非整砖留在阴角处

(k)

图 2-133

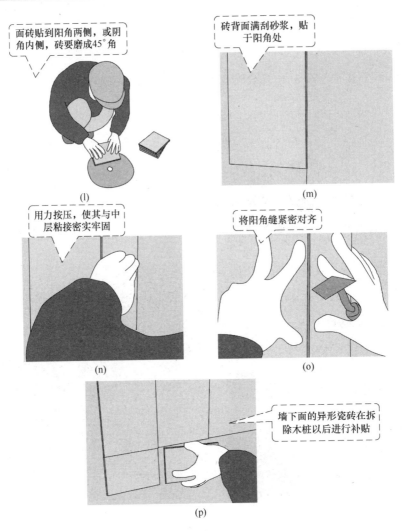

图 2-133 镶面砖

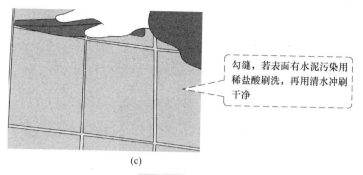

图 2-134　擦缝

2.7　地砖铺贴

地砖铺贴是一个十分重要的施工环节，其中卫生间又是一个相对特殊的环节。因为卫生间出于排水的需要，在铺贴时要做一定的坡度，方便排水。所以，在此本书分为两个部分讲解地砖施工：一个为卫生间地砖铺贴；另一个为卫生间以外其他空间的地砖铺贴。图 2-135 所示瓷砖地面实景图。

图 2-135　瓷砖地面实景图

2.7.1　卫生间地砖铺贴

卫生间地砖铺贴工序如下所示。

2.7.1.1　防水处理

卫生间地面防水处理如图 2-136 所示。

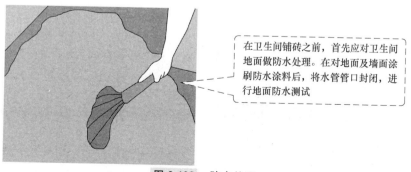

在卫生间铺砖之前，首先应对卫生间地面做防水处理。在对地面及墙面涂刷防水涂料后，将水管管口封闭，进行地面防水测试

图 2-136　防水处理

2.7.1.2 排砖

卫生间地面排砖见图 2-137。

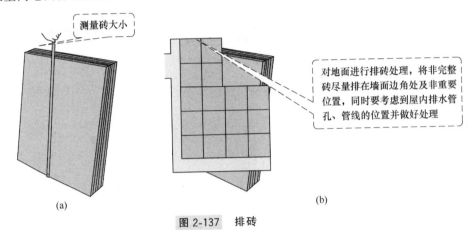

测量砖大小

对地面进行排砖处理，将非完整砖尽量排在墙面边角处及非重要位置，同时要考虑到屋内排水管孔、管线的位置并做好处理

(a)　　　　　　　　　　　　　　　　　(b)

图 2-137　排砖

2.7.1.3 确定水平面

确定水平面施工见图 2-138。

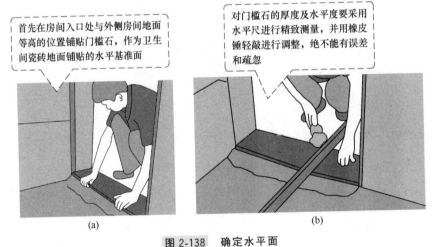

首先在房间入口处与外侧房间地面等高的位置铺贴门槛石，作为卫生间瓷砖地面铺贴的水平基准面

对门槛石的厚度及水平度要采用水平尺进行精致测量，并用橡皮锤轻敲进行调整，绝不能有误差和疏忽

(a)　　　　　　　　　　　　　　　　　(b)

图 2-138　确定水平面

经验指导

确定地面标高，也就是铺贴厚度。确定瓷砖或大理石的标高及铺贴厚度，应注意与各个空间的地面标高保持一致（卫生间地面标高可略低一些）。同时考虑铺贴门槛与地面的高度，如厨房、卫生间、阳台的门槛与地面相比，通常要至少高出 18～30mm，以防止积水外流。一般设置情况如下。

① 木地板。木龙骨的高度以及防潮塑料层 28mm 厚，木地板 18mm 厚，共厚 46mm 左右。

② 地面砖。砂浆 20mm 厚，砖 8～10mm 厚，共厚 30mm 左右。

③ 地面大理石。砂浆 25～30mm 厚，大理石 20mm 厚，共厚 50mm 左右。

2.7.1.4 铺贴地砖

铺贴地砖施工如图 2-139 所示。

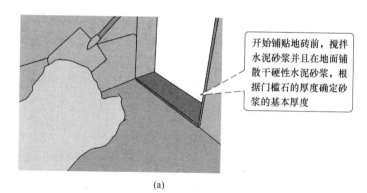

开始铺贴地砖前，搅拌水泥砂浆并且在地面铺散干硬性水泥砂浆，根据门槛石的厚度确定砂浆的基本厚度

(a)

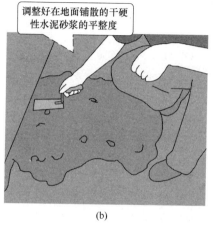

调整好在地面铺散的干硬性水泥砂浆的平整度

(b)

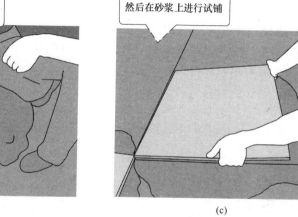

然后在砂浆上进行试铺

(c)

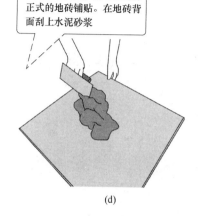

试铺没有问题，就可以进行正式的地砖铺贴。在地砖背面刮上水泥砂浆

(d)

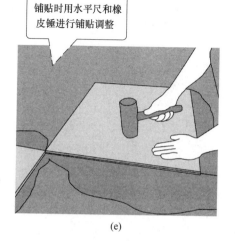

铺贴时用水平尺和橡皮锤进行铺贴调整

(e)

图 2-139

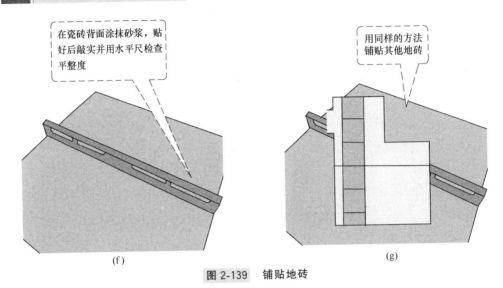

在瓷砖背面涂抹砂浆，贴好后敲实并用水平尺检查平整度

用同样的方法铺贴其他地砖

(f)　　　　　　　　　　　　　　　(g)

图 2-139　铺贴地砖

> **经验指导**
> ① 水泥与中砂的比例为 1∶3 最佳，硬度以手握成团、落地开花为宜。
> ② 卫生间的地面瓷砖铺贴要有 2‰～3‰ 的坡度，坡度向地漏方向倾斜，避免造成积水。
> ③ 切记墙砖最底层要等贴完地砖之后再贴。出于墙面贴砖施工便利性的考虑，工人师傅在铺贴墙砖时留下了最下层的瓷砖尚未铺贴。因此在地面铺贴完成后，先要对墙角进行补贴。

2.7.1.5　挖排水孔

挖排水孔施工见图 2-140。

在墙面底部的瓷砖铺贴完成之后，需要对排水孔瓷砖进行处理。首先在地面铺垫的干硬性水泥砂浆中掏出一个与地漏一样大小的孔洞

然后测量地漏尺寸，在瓷砖上量出孔径大小，并做出标记，如果排水孔位于两块瓷砖的交界处，要谨慎处理，兼顾两块瓷砖的尺寸进行切割

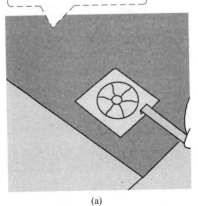

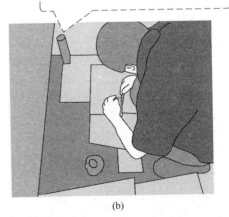

(a)　　　　　　　　　　　　　　　(b)

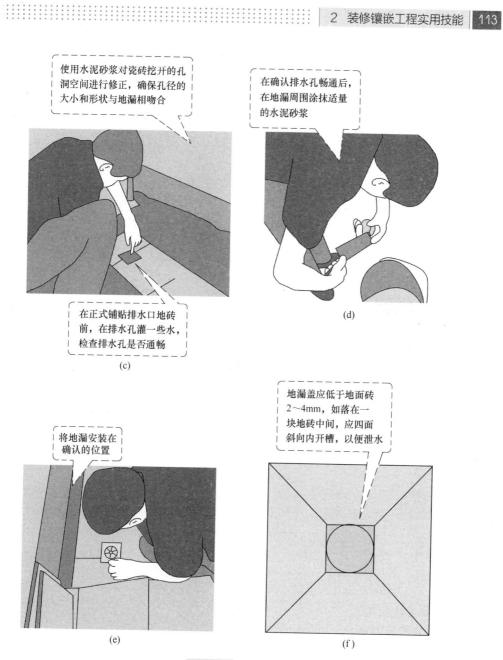

图 2-140 挖排水孔

2.7.1.6 勾缝、清理

勾缝、清理施工见图 2-141。

2.7.2 卫生间以外空间地砖的铺贴

其他空间的地砖铺贴相对于卫生间则要简单一些，主要是按照一排砖——勾缝、清理的步骤进行。地砖种类非常多，包括抛光砖、抛釉砖、微晶石以及仿古砖等，但

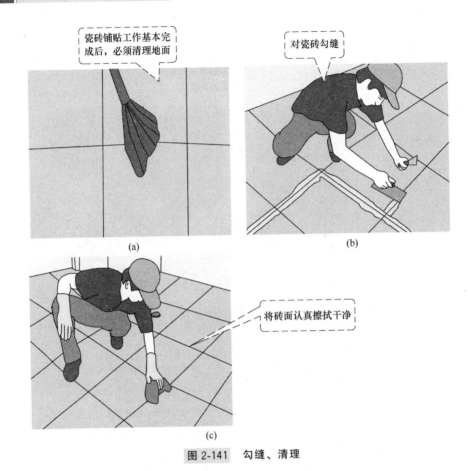

图 2-141　勾缝、清理

它们的铺贴方法一致。其施工工序如下。

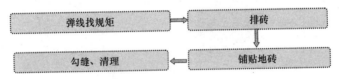

2.7.2.1　弹线找规矩

弹线找规矩见图 2-142。

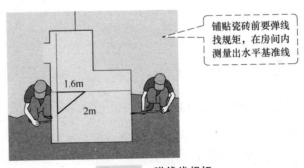

图 2-142　弹线找规矩

2.7.2.2 排砖

按照所铺地砖的大小和房间的大小预排地砖。注意铺同一房间内的地砖，横竖排列的非整砖不能超过一行。施工中，遇到不整砖的位置要充分考虑房内家具的摆放位置，注意铺砖的整体、美观。具体做法可以参照卫生间地砖铺贴排砖方法。

经验指导

① 铺贴之前要弄清楚所要铺地的面积，也就是确认图纸。根据现场实际情况，还应对天然石材、地面砖进行对色、拼花并试拼及编号。特别是大面积铺贴天然大理石，因为每块大理石纹理都不一样，出于美观性的考虑，必须先通过设计师进行排版，出图纸确认，并交与业主认定。尤其是异形的、梭形的，更要排好版，编好砖号。

② 在排砖时，要根据地面抛光砖及大理石的规格大小，尽量防止缝中正对大门口中，以免影响整体美观。

③ 若采用陶制砖，铺贴前要浸水后方能使用。

2.7.2.3 铺贴地砖

铺贴地砖施工见图 2-143。

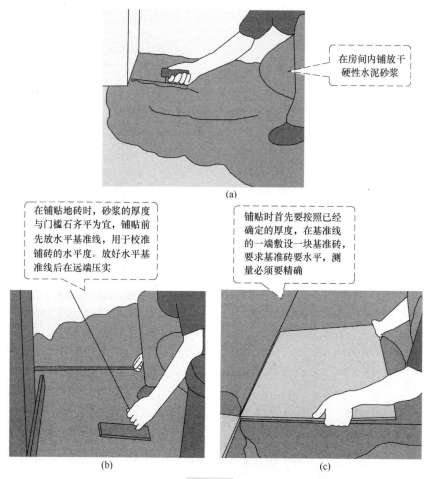

在房间内铺放干硬性水泥砂浆

(a)

在铺贴地砖时，砂浆的厚度与门槛石齐平为宜，铺贴前先放水平基准线，用于校准铺砖的水平度。放好水平基准线后在远端压实

铺贴时首先要按照已经确定的厚度，在基准线的一端敷设一块基准砖，要求基准砖要水平，测量必须要精确

(b)   (c)

图 2-143

将地砖放在砂浆上，用橡皮锤轻轻地敲击，使地砖与砂浆完全结合，并用水平尺测试水平

把地砖拿起，检查砂浆与砖面之间有无缝隙，如果有缝隙，应把砂浆补充填实，防止出现空鼓。注意填补砂浆的过程很重要，很容易被忽视而引起空鼓

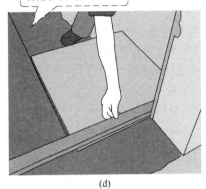

(d)

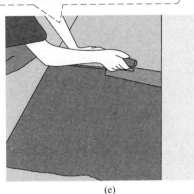

(e)

在地砖铺贴过程中，由于墙面管线及墙体凹凸不平会造成误差，常常影响铺贴水平，这种情况可以用云石机对瓷砖边角进行微调，从而保证瓷砖的平整

在地砖的背面均匀涂抹水泥砂浆，水泥砂浆的水灰比为1:2

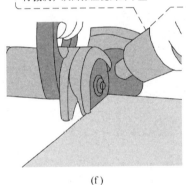

(f)

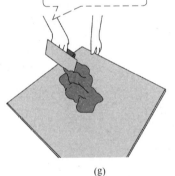

(g)

然后铺放在已经填补好的干硬性水泥砂浆上

第一块基准砖铺贴好后，第二块砖以基准砖和基准线为标准铺贴，依此类推，直至整个房间地砖铺贴完毕

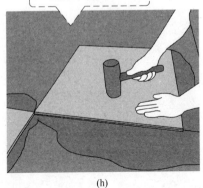

(h)

(i)

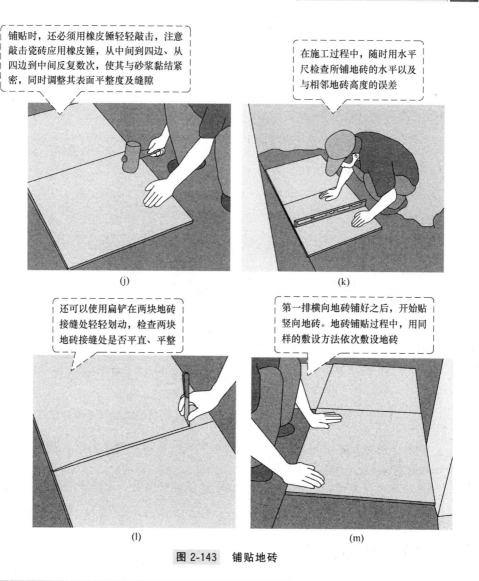

图 2-143　铺贴地砖

经验指导

① 干硬性水泥砂浆以手握成团、落地开花为宜。它的常用体积比为1：3，水泥强度标号不能低于 32.5。

② 铺贴抛光砖或者大理石比较常用的方法有干粉法和刮浆法。干粉法就是洒上干水泥粉，再将地砖或者大理石放回，进行敲击最后定位。刮浆法即本文介绍的方法，也是最常用的地砖施工方法：在底面刮上少量适当厚度的水泥砂浆，之后放回，进行敲击，最后定位。以上两种方法都可用，主要看泥工的掌握程度。泥工通常会采用自己熟悉的方法进行施工。

③ 铺地砖之前，先清理基层表面的油渍、尘土等，检查原楼地面质量情况，是否存在空鼓、脱层、起翘以及裂缝等缺陷，一经发现及时向业主提出，并做好处理。

④ 铺贴后 24h 内及时检查有无空鼓，一经发现及时返工撤换，待水泥砂浆凝固后返工会增加施工困难。若水泥砂浆已经凝固则必须用工具打掉之前铺贴的地砖才能重新进行敷设。

2.7.2.4 勾缝、清理

勾缝、清理施工见图 2-144。

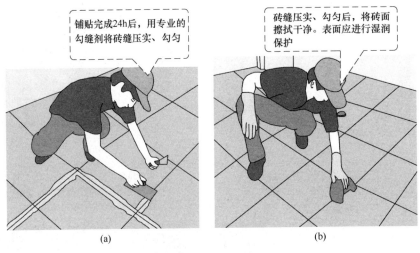

铺贴完成24h后，用专业的勾缝剂将砖缝压实、勾匀

砖缝压实、勾匀后，将砖面擦拭干净。表面应进行湿润保护

(a)   (b)

图 2-144 勾缝、清理

经验指导

① 常温下湿润保护时间不少于 7d，这个步骤能够确保水泥的有效粘贴，减小瓷砖空鼓的概率。

② 地砖敷设完毕后，一定要用保护膜或纸板进行保护，以防止在后续施工中对地砖造成污损。

2.8 地面其他施工

2.8.1 地面找平施工

地面找平为一种基础性的工程，无论原楼地面铺贴的是瓷砖还是木地板，均需要对地面进行找平处理。找平不仅能够使得基础底面平整，便于以后的施工，而且地面铺贴不同材料时可以利用找平的高度使得室内各个空间处于同一水平位置。

2.8.1.1 确定地面找平的高度

地面找平层关键就在于确定地面标高。以家居空间为例，各个空间铺贴的材料很可能不一致，比如很多人会在客厅铺地砖、卧室铺木地板，这样就需要计算各个空间在原建筑地面上铺贴地面抛光砖或木地板的标高。只有在搞清楚以上标高和铺贴、铺贴地面厚度的基础上才能够有效地控制地面找平的标高和厚度，否则容易导致各个空间地面高度不一致的情况发生。

经验指导

通常情况下地面找平及其材料总厚度大致为：（1）铺贴地面砖。砂浆 20mm 厚，抛光砖 8～10mm 厚，共厚 30mm 左右。（2）铺贴地面大理石。砂浆 25～30mm 厚，大理石 20mm 厚，共厚 50mm 左右。假如卧室采用木地板，则同时要问清楚业主卧室敷设木地板的类型，其中实木地板还有架空与实铺两种方法，形成的高度也有很大的不同：①实铺实木地板。底板厚 9～12mm，夹板加木地板 18mm 厚，共厚 27mm 左右。②架空铺实木地板。地龙骨 25mm 厚，底板 9mm 厚，木地板 18mm 厚，共厚 52mm 左右。③复合地板。底层防潮棉 2mm 厚，复合木地板 8～12mm 厚，共厚 10～12mm 左右（竹木地板、实木复合地板与复合地板相同）。

2.8.1.2 施工步骤

地面找平施工工序如下。

（1）清理基层 确保地面空鼓、起块等缺陷已经被修补或铲除，并保证地面基层清理干净，无施工障碍。此外，需要对已完成的木制品的根部包扎，对室内原有设施的根部包扎或用材料进行隔挡。其施工如图 2-145 所示。

（2）弹标高线（图 2-146）

经验指导

确定标高，要先确定各个空间的找平标高，对比后再确定最终的找平标高，一般是以各个空间确定的最高找平标高为依据确定最终的整体空间找平标高。注意卫生间的地坪可以略低于其他空间，以防止积水外渗。

图 2-145 清理基层

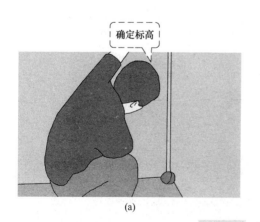

(a)

(b)

图 2-146 弹标高线

图 2-147 找地筋

（3）找地筋 找地筋的作用是确定找平的高度，同时还可以保证找平的平整度。如果房间面积不大，可以只做 5cm×5cm 大小的灰饼，横竖间距为 1.5～2.0m，灰饼的上平面即为地面面层标高。若房间大，则必须找地筋，方法是把水泥砂浆铺在灰饼之间，宽度与灰饼宽度相同，用木抹子抹成和灰饼上表面水平一致，如图 2-147 所示。

（4）搅拌水泥砂浆（图 2-148）

（5）湿润地面（图 2-149）

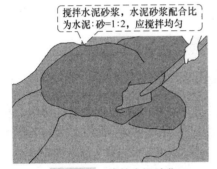

图 2-148 搅拌水泥砂浆

图 2-149 湿润地面

（6）铺水泥（图 2-150）

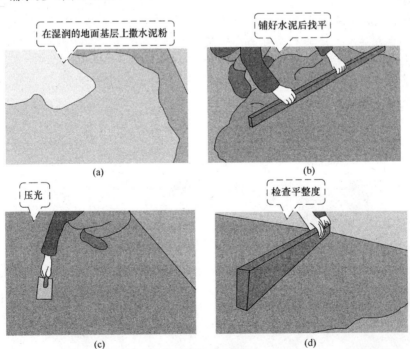

图 2-150 铺水泥

经验指导

① 在地面找平前先将原楼地面基层上的尘土及油渍等清理干净，并浇水湿润。

② 地面找平层水泥砂浆配合比宜是1：3。

③ 地面找平砂浆应分层找平，找平之后用一些干水泥洒在上面做压光处理。

2.8.2 地脚线铺贴施工流程

地脚线的敷设一般是在地砖敷设完毕之后进行。地脚线的安装分为明装与暗装，此处主要介绍明装地脚线施工步骤，如图2-151所示。

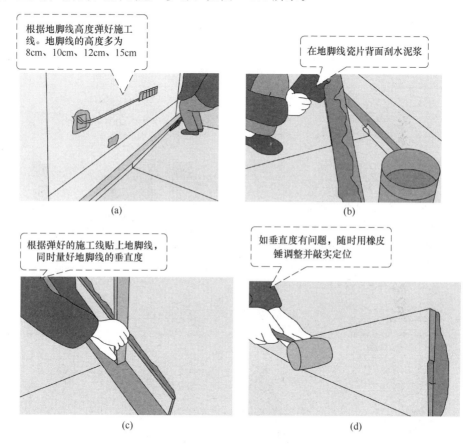

图2-151 明装地脚线施工

2.8.3 沉箱施工流程

沉箱（图2-152）即为下沉式卫生间里面放排水管的位置。

需要特别注意的是，由于陶粒是中空的，所以自重较轻。而如果采用碎砖泥砂回填，会极大地增加楼层的负重，导致一定的安全隐患。另外一种就是本书介绍的架空处理方法。采用第一种方法填实不仅增加楼板的负荷，而且若防水做得不好的话时间长了整个沉箱都是湿的。架空处理方法如图2-153所示。

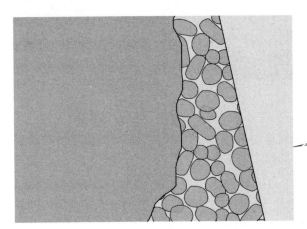

沉箱处理目前有两种主要的方式，一种是用陶粒或者碎砖泥砂回填，然后在上面做水泥找平层

图 2-152　沉箱

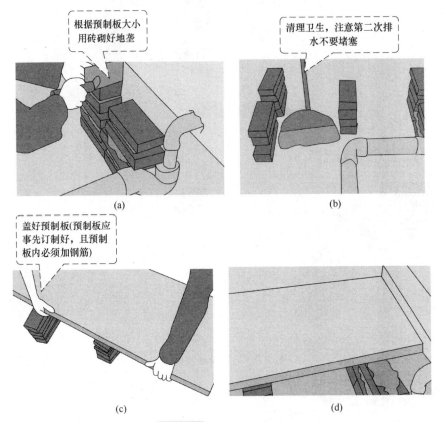

根据预制板大小用砖砌好地垄

清理卫生，注意第二次排水不要堵塞

(a)

(b)

盖好预制板(预制板应事先订制好，且预制板内必须加钢筋)

(c)

(d)

图 2-153　架空处理方法

3

镶贴工岗位安全知识

3.1 装饰装修镶贴安全生产

3.1.1 装饰装修镶贴安装生产管理

建筑施工企业在安全管理中必须坚持"安全第一、预防为主、综合治理"的安全方针，认真贯彻国家和上级劳动保护、安全生产主管部门颁发的有关消防政策、安全生产，严格执行有关劳动保护法规、条例以及规定，完善安全生产组织管理体系及检查体系，加强装饰装修施工中的安全管理。

（1）建立装饰装修镶贴施工安全管理目标 根据企业制定的安全生产总目标，制定项目中装饰装修镶贴施工安全管理目标。安全管理的目标应当包括生产安全事故控制指标、安全生产隐患治理目标，以及安全生产、文明施工管理目标等，并且安全生产管理目标应量化。

装饰装修镶贴施工安全管理目标应分解到各管理层和镶贴工班组，并制订定期考核制度，定期考核，以期项目安全管理目标的实现。

（2）装饰装修镶贴施工安全管理的主要内容

① 制定现场安全政策。依据企业制定的安全管理总政策制定项目装饰装修镶贴施工安全管理政策，项目安全政策的制定必须有效并有明确目标，目标应确保现有人力、物力以及财力资源的有效利用，并使发生经济损失和承担责任的风险减少。

② 建立健全安全管理组织体系。安全政策的实施主要依赖于合理完善的组织结构及系统，项目需建立合理完善的组织结构体系，人员到位，责任落实到位是确保安全政策、安全月标顺利实现的前提。

③ 制订安全生产管理计划和组织实施。计划和实施的重点是使用风险管理的方法，确定清除危险和规避风险的目标以及应该采取的步骤与先后顺序，建立相关标准和规范操作，计划和实施的目标为最大限度地减少装饰施工过程中的事故损失。

④ 现场装修安全生产管理业绩考核。项目应当采用一系列自我监控的技术，用于判断控制风险的措施是否成功，包括对设备材料、人员、系统、程序，以及个人行

为的检查进行评价。

⑤ 安全管理业绩总结。项目借助对过去资料和数据进行分析和总结，以达到自我规范和约束的作用，使企业装饰装修安全管理不断得到改进。

3.1.2 装饰装修镶贴安全生产控制

（1）装饰装修镶贴施工安全控制基本要求

① 项目管理人员必须具备相应的职业资格才能上岗。

② 分包单位应当持有《施工企业安全资格审查认可证》。

③ 所有新进场镶贴工必须进行三级安全教育，即企业、项目以及班组的三级安全教育。

④ 电工及电焊工等特殊作业人员必须持有特种作业操作证，并且严格按规定定期进行复查。

⑤ 项目检查的安全隐患做到"五定"，也就是定整改责任人、定整改措施、定整改完成时间、定整改完成人以及定整改验收人。

⑥ 施工现场安全设施齐全，并符合国家及地方有关规定。

（2）装饰装修镶贴施工安全控制程序　图 3-1 所示为装饰装修镶贴施工安全控制程序。

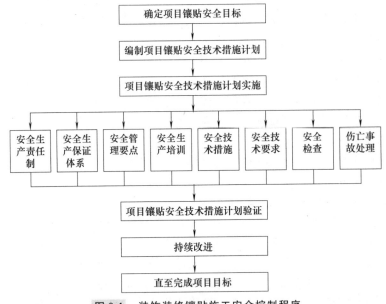

图 3-1　装饰装修镶贴施工安全控制程序

① 确定项目镶贴安全目标按"目标管理"方法。在以项目经理为首的项目管理系统内进行分解，从而使每个岗位的安全目标确定，实现全员安全控制。

② 编制项目镶贴安全技术措施计划。对镶贴生产过程中的不安全因素，通过技术手段加以消除和控制，并用文件化的方式表示，这是落实"预防为主"方针的具体体现，为进行工程项目安全控制的指导性文件。

③ 项目镶贴安全技术措施计划的落实及实施。建立健全安全生产责任制，设置安全生产设施，进行安全教育及培训，沟通及交流信息，借助安全控制使生产作业的安全状况处于受控状态。

④ 项目镶贴安全技术措施计划的验证，包括安全检查、纠正不符合情况，并且做好检查记录工作技术措施。

⑤ 持续改进，直到完成建设工程项目的所有工作。

（3）装饰装修镶贴施工安全危险源控制　危险源指的是可能导致人员伤害或疾病、物质财产损失、工作环境破坏的情况或者这些情况组合的根源或者状态的因素。

① 装饰装修镶贴重大危险源辨识借助对装饰施工现场危险物质和其临界标准，确定有哪些是可能发生事故的潜在危险源。

② 装饰装修镶贴重大危险源评价

a. 依次评价已辨识的危险事件发生的概率；

b. 辨识装饰装修镶贴中危险因素和其原因与机制；

c. 进行风险评价，也就是评价危险事件发生概率和发生后果的联合作用；

d. 评价装饰装修镶贴中危险事件的后果；

e. 装饰装修镶贴风险控制，即将以上评价结果与安全目标值进行比较，检查风险值是否达到了可接受水平，否则需要进一步采取措施，降低危险水平。

③ 装饰装修镶贴重大危险源管理。针对每一个重大危险源制订出相应的一套严格管理制度，通过技术措施及组织措施，对重大危险源进行严格控制及管理。

（4）装饰装修镶贴施工安全管理实施计划的主要内容

① 项目管理目标；

② 项目工程概况；

③ 项目装饰装修镶贴规章制度；

④ 项目组织机构与职责权限；

⑤ 项目应急准备与响应；

⑥ 项目风险分析与控制措施；

⑦ 项目镶贴安全专项施工方案；

⑧ 项目装饰装修镶贴资源配置及费用投入计划；

⑨ 项目教育培训；

⑩ 项目检查评价、验证及持续改进。

（5）装饰装修镶贴施工安全管理教育培训　建立"三级"安全教育体系，即企业、项目以及班组的三级安全教育，对本单位职工进行安全生产制度和安全技术知识教育，增强法制观念，明确各工种的安全操作规程，特别是特种作业工人的审证考核制度和各级安全生产岗位责任制定期安全检查制度。提高职工的安全思想意识和自我保护的能力，督促职工自觉遵守安全纪律和制度法规。

（6）装饰装修镶贴安全检查

① 装饰装修镶贴安全检查主要内容。依据《建筑施工企业安全生产管理规范》（GB 50656—2011）的规定，主要是以查安全思想、查安全责任、查安全措施、查安全制度、查安全防护、查设备设施、查操作行为、查教育培训、查劳动防护用品使用

和查伤亡事故处理等内容。

② 装饰装修镶贴安全检查主要形式。装饰装修镶贴安全检查主要形式可以分为：日常巡查、专项检查、经常性检查、定期安全检查、季节性安全检查、节假日安全检查、开/复工安全检查等。

3.1.3 装饰装修镶贴安全事故预防措施

（1）预防物体打击措施

① 做好班前安全交底，要严格按照安全操作规程作业。

② 进入施工现场必须正确佩戴合格的安全帽，应当在规定的安全通道内出入及上下，不得在非规定通道位置行走，进入施工地点应当按照施工现场设置的禁止、警告以及提示等安全标志和路线行走。

③ 作业过程一般常用工具必须放在工具袋内，物料传递不准往下或者向上乱抛材料和工具等物件。所有物料不得放在邻边及洞口附近，应堆放平稳，并且不可妨碍通行。

④ 拆除或者拆卸作业要在设置警戒区域、有人监护的条件下进行。

⑤ 高处拆除作业时，要及时清理和运走拆卸下的物料、建筑垃圾，不得在走道上任意乱放或向下丢弃。

（2）预防高空坠落措施

① 做好班前安全交底，要严格根据安全操作规程作业。

② 洞口要进行遮盖防护或者设定型化工具，电梯井口必须设隔栅、防护栏或门，电梯井内每隔两层并最多每隔10m设一道安全网。

③ 临边作业要设防护栏，要挂安全密目网或者其他防坠落的防护设施。

（3）预防触电伤害措施

① 电焊二次线侧设空载降压保护装置。

② 设置标准配电箱，加设专用漏电保护开关。

③ 用电线路采取埋地、沿墙或者架空敷设，临时接电要专业电工操作。

（4）预防机械伤害措施

① 所有设备用电机具金属外壳做保护接零。

② 机械设备各传动部位必须设置防护罩。

③ 做好所有机械设备进场检查验收，并加强重点检查。

（5）预防火灾、烧伤措施

① 进行火焊作业时，氧气瓶、乙炔瓶与作业地点要各相距10m。

② 进行电、火作业时，要佩戴好劳保防护用品。

③ 避免氧气瓶、乙炔瓶在烈日下暴晒。

④ 电、火焊高空作业时，作业场所下方的易燃、易爆物品要清理干净，并有专人看护。

3.1.4 装饰装修镶贴工安全施工应注意的事项

（1）室内抹灰使用的木凳、金属支架应当搭设平稳牢固，脚手架跨度不得大于2m。架上堆放材料不得过于集中，在同一跨度内不应超过两人。

（2）不准在暖气片、门窗、洗脸池等器物上搭设脚手板。阳台部位粉刷，外侧必须挂设安全网。禁止踩踏脚手架的护身栏杆和阳台栏板上进行操作。

（3）贴面使用的预制件、瓷砖、大理石等，应堆放整齐平稳，边用边运。安装要稳拿稳放，当灌浆凝固稳定后，方可拆除临时支撑。

（4）使用磨石机，应戴绝缘手套、穿绝缘靴，电源线不得破皮漏电。使用磨石机应当戴绝缘手套并穿胶靴，电源线应完整，金刚砂块必须安装牢固，经试运正常后方可操作。

（5）严格执行安全技术操作规程，施工前进行安全交底，检查安全防护措施。并且对现场所使用的脚手材料、机械设备以及电气设施等进行认真检查，确认其符合安全要求后方能使用。

（6）工作前必须详细检查脚手架、脚手板以及工作场所，确认符合安全规定之后，方可进行操作。禁止任意拆除或变更安全防范设施。如果施工中必须拆除时，须经工地技术负责人批准后方可拆除或变更。施工完毕之后，应当立即恢复原状，不得留有隐患。

（7）在有害于身体健康的区域内施工，必须戴好防护面具，还应当采取相应的防范措施。

（8）使用机械设备或者电动工具作业时，应严格遵守有关机械和用电的安全技术规程。操作手电钻时，应先启动后接触工件。钻薄板要垫平垫实，应防止钻斜孔滑钻。在操作时应用杠杆压住，不得用身体直接压在上面。

（9）严禁在同一个立面上，上下垂直同时作业。清理地面及楼面基层时，不得从窗口向外乱抛杂物，防止伤人。

（10）使用盐酸清洗墙面时，应将盐酸倒入水中，禁止将水倒入盐酸中，避免盐酸迸溅伤人。在使用外加剂（如氢氧化钠、盐酸、硫酸等）时，不准徒手拿取，应穿鞋套、戴手套以及口罩，以防烧伤皮肤。

（11）电焊作业应由具有操作证书的专业人员进行，并且应落实好防火措施，应清除干净作业面的易燃物品。机电设备的操作人员，必须经过专门培训，持有操作合格证。电工的所有绝缘、检验工具应妥善保管，禁止他用，并应定期检查、校验。每种施工机械应专线专闸，线路不得乱搭。

（12）搬运陶瓷锦砖等易碎面砖时，宜用木板整联托住。陶瓷砖板加热或者粉末材料烘干地点要有专人看管。

（13）塑料板、拼花硬木等地面及楼面操作时应遵守以下规定。

① 施工场所必须空气流通，在必要时可用人工通风。使用氯丁橡胶胶黏剂及其他带毒性、刺激性的胶黏剂时，操作人员应戴防毒口罩。刷胶人员还应在手上涂防腐蚀油膏。通常连续作业 2h 后，应到户外休息半小时。有心脏病、气管炎以及皮肤过敏者不宜做此项施工。

② 在施工地点及储存塑料板材、胶黏剂的仓库内外，必须置备足够的消防用品。施工现场存放丙酮、汽油、松节油以及胶黏剂等的数量，不得多于当天用量，用后必须及时盖严。

③ 刨花、木材、沥青及其他胶黏剂均属易燃品，在操作过程中禁止吸烟，现场

必须置备足够消防设施。

（14）夜间操作场所照明，应当有足够的照度，临时照明电线和灯具的高度应不低于2.5m。易爆场所应用防爆灯具。对于危险区段必须悬挂警戒红灯，并且有专人负责安全工作。

3.2　镶贴工施工安全基本知识

（1）首先清扫干净砖墙面的抹灰层并剔平，将表面尘土、污垢清除，并浇水湿润。

（2）大墙面及四角、门窗口边弹线找规矩，必须由顶层到底一次进行，弹出垂直线，并决定面砖及墙尺寸，分层设点，做灰饼，横线则以楼层为水平基线交圈控制，竖向线则以四周大角及通天垛、柱子为基准线，控制每层打底时则以通过灰饼为基准点进行冲筋，使基底层做到横平竖直，同时要注意找好突出檐口、腰线、窗台以及雨篷等饰面的流水坡度。

（3）抹底层砂浆。先把墙面浇水湿润，用1:3水泥砂浆搓底找平。

（4）饰面砖镶贴之前，首先要以手排砖，在同一墙面上应从墙的一端向另一端或者从墙的中部向两侧排砖，应当横竖排列，均不得有一行以上的非整砖。

（5）外墙砖应根据设计图纸要求进行排砖，注意同一墙面的砖要色泽一致，灰缝要横平竖直。嵌缝平直、密实，宽度和深度应一致，粘贴牢固、无空鼓。

（6）排砖、弹线。在找平层上，以粉线弹出饰面砖分格线，通常竖向线间距为1m左右，横线通常根据砖规格尺寸每5~10块弹一水平线。

（7）选砖、浸砖。在面砖没镶贴之前应预先设专人选砖，严格筛选，不同尺寸分别堆放，使用前应当提前浸泡。

（8）镶贴标准。表面规方平整、洁净，色泽一致，没有裂痕和缺损。

（9）镶贴方法。由下往上，由阳角开始逐一镶贴，镶贴砂浆采用1:2水泥砂浆。

（10）嵌缝应用同色水泥擦缝，并把缝中的气孔和砂眼封闭密实，如果饰面砖表面污染严重的，则可用稀盐酸清洗后用清水冲洗干净。

（11）内、外墙的允许偏差见表3-1。

表3-1　内、外墙的允许偏差

主要项目	允许偏差值		主要项目	允许偏差值	
	外墙/mm	内墙/mm		外墙/mm	内墙/mm
立面垂直	3	2	接缝直线高度	3	2
表面平整度	3	3	接缝高低差	1	0.5
阴阳角方正	3	3	接缝高度	0.5	0.5

3.3　镶贴施工的质量通病与防治

3.3.1　瓷砖类镶贴的质量通病与防治

3.3.1.1　砖瓷开裂

（1）瓷砖本身质量不过关开裂　瓷砖质地不好，泡水时间又不足，粘贴后受湿膨胀产生内应力造成开裂。而釉面砖是由坯体与釉面两层构成的，龟裂的产生是坯层与釉层的热膨胀系数之间的差异导致的。一般釉层比坯层的热膨胀系数大，待冷却时釉层的收缩大于坯体，釉层会受坯体的拉伸应力，当拉伸应力大于釉层所能承受的极限强度时，即会产生龟裂现象。为防止此类开裂，应选购质地相对较好的瓷砖，另外在镶贴之前将瓷砖充分浸泡。图 3-2～图 3-4 为瓷砖开裂和空鼓的情况。

图 3-2　新砌管柱收缩瓷砖脱落

图 3-3　烟道管柱对角空鼓

（2）搬运中受过撞击开裂　由于在运输或搬运的过程中受过磕碰，导致瓷砖有潜在的暗伤，经镶贴之后承受不了水泥的拉力，而且随着时间的推移裂缝会不断地增多，所以，在搬运过程中一定要小心谨慎，防止磕碰。

（3）填充墙与梁柱连接处开裂　填充墙和梁柱连接处的瓷砖往往都是横向或纵向有规则贯穿开裂，是因为墙体本身变形或基础开裂而引起的，所以在砌体填充时需按要求做好拉结筋，连接部位在抹灰时，应采取加贴

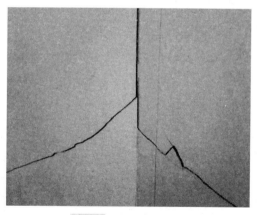

图 3-4　瓷砖釉面龟裂

钢丝网或者高强抗碱纤维网进行加强处理。

（4）轻质板隔断基础施工不当开裂　当采用轻质板隔断时，应当在水泥压力板、硅酸钙板等板接缝处批嵌腻子、贴嵌缝带，板面上拉挂钢丝网、抹聚合物砂浆，再用专用黏结材料镶贴。

（5）水泥标号过高或砂浆搅拌不均引起开裂　由于水泥标号过高会产生内应力的作用，超出了瓷砖本身的承受能力，通常瓷砖铺贴用普通的 325 号、425 号水泥即

可。水泥砂浆搅拌不均会存在大量干粉，镶贴之后干粉迅速吸收水分开始水化并产生内应力。水泥砂浆应当采取机械搅拌，使得水泥砂浆均匀一致，入桶使用时再次搅拌，并且随拌随用。

（6）新砌管柱阳角爆裂（图3-5）　因为装修周期等客观因素，新砌管柱基础未干就急于镶贴瓷砖，从而造成基础收缩，加上瓷砖阳角磨边过薄，对角缝隙太小造成。基础稳固干透，阳角边留适当的厚度，对角间留合理的缝隙是防止阴角爆裂的关键。

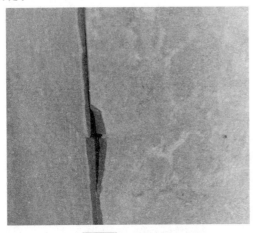

图3-5　阳角爆裂

（7）烟道横向开裂　部分烟道采用的是水泥纤维压板，它的特征为薄而轻，不占用空间。但因为烟道承受着不同温度的变化，瓷砖、粘贴砂浆饱受温差热膨胀影响，管道结构也会有一定的变化，常常都是在拦腰部位横向开裂。采取加强网重新抹灰在一定程度上能够减少开裂的概率。

（8）管线槽规则开裂　在墙体挖槽布管不规范导致的开裂也不在少数。管线槽内抹补不充实，热水管外保护层厚度不够，都会导致瓷砖规则性的开裂，槽内抹灰时砂浆必须饱满并且分层进行，热水管外必须有足够的保护层。

（9）保温层贴砖开裂　对于保温墙，其保温层一般都是由聚苯板材料来做的，可将原有的保温墙拆掉，用轻质砖（加气砖）等来代替。因为加气砖具有较强的附着力，能够有效减少瓷砖开裂，但保温效果会略差。也可以在聚苯板上挂一层钢丝网，再使用水泥压力板或波镁板，之后在其上镶贴瓷砖。

（10）缝隙挤压爆裂（图3-6）　任何瓷砖均有着不同系数的收缩，瓷砖在经过热胀冷缩时挤裂釉面，这种情况也会经常发生。不留缝或留缝太小都是不科学的，施工时一定要根据不同品牌、品种的说明要求进行留缝、镶贴。

（11）切割加工砖开裂（图3-7）　切割时导致暗裂，经过较长时间后，受水泥收缩及外界应力等因素的影响导致拉裂，建议瓷砖切割用专业的水切割来切割。若条件所限，转角处需手工套割时，应当在转角处用玻璃钻头钻孔后再套割，镶铺时一定要轻敲轻击。

（12）墙上固件安装开裂　在安装固件时，应先用金刚钻轻轻地敲击，使其瓷砖上有轻微的印痕，再以冲击钻顺其自然地冲入。若为密度较高的玻化砖，则应采用玻璃钻头进行钻孔后再安装。

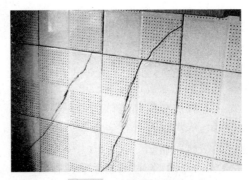

图3-6　缝隙挤压爆裂

3.3.1.2 空鼓、脱落

(1) 瓷砖本身原因与防治措施

① 选择适合的瓷砖。在瓷砖的选材上应合理，当采用普通砂浆作为黏结材料时，应当尽量避免选择含水率在 0.5% 以下的瓷质砖。

② 瓷砖吸水膨胀或铺贴。吸水率比较高的陶质砖尽量不在长期潮湿的环境中使用。

③ 瓷砖背纹太浅。选择背纹较深较密的瓷砖或者通过加密、加深瓷砖的背纹和燕尾槽背纹，以增加粘贴面表面积，增强与水泥的黏结牢固度。

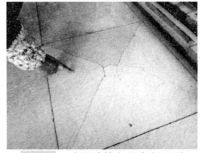

图 3-7　地面砖转角处套割开裂

④ 清除瓷砖背浆（砖底粉）和蜡迹。清理砖背面的砖底粉或者残留蜡等憎水性物质。

(2) 工程施工原因与防治措施

① 采用早强型水泥（带 R 字样）。不使用早强型水泥，因为早强型水泥会过早地失去流动性，从而使水泥砂浆层不能与瓷砖完全结合。

② 水泥砂浆比例失调。水泥砂浆配比应符合要求，水的配比过高会造成干燥后水分流失过大。

③ 砂粒过粗或使用泥砂。砂粒太粗会造成水泥砂浆与瓷砖的结合层上应力分布不均匀，泥砂会导致水泥比例降低、强度不够，应当选用中砂。

④ 墙基太干。墙基太干时做好补水措施和保水处理（通常湿度控制在 30%～70% 比较合适）。

⑤ 墙面有残留浮灰。墙面上的残留浮灰应当铲除并用清水冲刷干净。

⑥ 墙面抹灰自身空鼓。检查原墙面抹灰有无空鼓现象，一经发现将其拆除重新抹灰。

⑦ 轻质隔墙贴砖。由于轻质隔断（水泥压力板、硅酸钙板）具有一定的湿胀率，在干湿变化下会发生伸缩、弯曲以及形变，遇这类材质需镶贴瓷砖时，柔性黏结材料、块料间留一定的膨胀缝。

⑧ 劣质层或涂料层上贴砖。劣质混合砂浆、劣质涂层、腻子层由于强度不够不得直接镶贴瓷砖。墙面抹灰是劣质混合砂浆时应将其铲除重新抹灰。劣质涂层、腻子层需贴砖时，应当对其层面进行铲除再用钢刷边刷边用水冲净。若是外墙涂料时，应将其外墙涂料铲除，如难以铲除的必须进行毛化处理，处理后刷涂界面剂再镶贴瓷砖。图 3-8 所示为腻子、涂料层贴砖导致脱落的现场。

⑨ 黏结层内有大量气体。遇规格比较大的抛光砖时，黏结层内容易产生气体，上浆时砂浆一定要饱满，粘贴时应轻敲多击，将气体排清（建议用带齿刮板刮批黏结材料，以确保镶贴时有良好的排气通道，如图 3-9 所示）。

⑩ 铺贴过密或不留膨胀缝。镶贴时应当留有一定的调节膨胀缝，在受热胀或湿胀的作用下，也不被其可能发生的应力相互挤兑。

⑪ 铺贴未干时受外力影响。镶贴后应及时做好成品保护工作，避免受外力影响导致瓷砖和黏结材料出现分离。

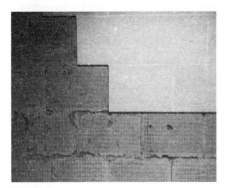

图 3-8 腻子、涂料层贴砖导致脱落的现场

图 3-9 齿刮板刮批黏结材料

⑫ 混凝土面上未经处理。原混凝土墙面上需镶贴瓷砖时，需要对墙面做相应的处理，如凿毛、拉毛、挂钢丝网或者刷涂一道界面剂等措施。

⑬ 一次性镶贴太高。镶贴瓷砖时一次性完成面不宜太高，避免造成下面的砖承受不了上面砖的重量。

（3）其他原因与防治措施

① 陶质砖未泡水处理。当采用陶质砖或者半陶质砖时，需对其进行泡水处理，使水分接近饱和状态，如此一来就不会出现因为瓷砖干燥而从水泥中吸水的情况。

② 玻化砖等采用普通黏结材料。遇抛光砖（玻化砖）上墙时，应当采用强力黏结材料，若采用专用玻化砖黏结剂及重砖黏结剂等材料进行镶贴时，应配合基层使用界面处理剂。由于界面处理不当引起的质量问题如图 3-10～图 3-13 所示。

图 3-10 防水涂料施工不当引起脱落

图 3-11 基层、砂浆黏结层与瓷砖结合不实脱落

3.3.1.3 变色、污染

（1）从源头预防 这里是指选购瓷砖时所要注意的事项，并做到如下几点：一查、二比、三掂、四看、五观、六听。

① 一查：查产品证书。要向经销商索要产品放射性检测报告，在报告中陶瓷砖名称和所购品名是否相符及检测结果类别。

② 二比：比规格误差。质量好的地砖规格大小统一、边角无缺陷、厚度均匀、无凹凸翘角等缺陷，边长的误差小于 0.3cm，厚薄的误差小于 0.1cm。

图 3-12　腻子、涂层打磨不干净空鼓脱落　　　　图 3-13　墙面砖空鼓、脱层

③ 三掂：掂瓷砖重量。质量好的瓷砖分量相对比较重。这主要是因为原材料的选择和配比，越好的瓷砖在加工时机械的压力越大，所以分量也比较重。密实度高的瓷砖受外界污染侵蚀的可能性就相对较小。

④ 四看：看瓷砖表面。瓷砖表面光滑、釉面平整、均匀、光洁亮丽、色泽一致者为上品；表面不光洁、有颗粒、颜色深浅不一、厚薄不均甚至凹凸不平、呈云絮状者则为次品。

⑤ 五观：观瓷砖颜色。优质的瓷砖采用上好的原材料，配比科学，并具有十分强的稳定性，其纹理、色泽一致，几乎不存在偏色现象。图 3-14 所示为瓷砖存在色差的情况。

⑥ 六听：听声辨密度。用手捏拿瓷砖一角，轻松垂下，以手食指轻击瓷砖中下部，若声音沉闷为下品，若声音清亮、悦耳则为上品。

（2）施工时预防　在瓷砖镶贴之前，一定要用洁净的清水浸泡，经浸泡之后再把有隐伤的瓷砖挑出不予使用。粘贴的砂浆，应使用干净的原材料进行拌制，并尽量使用和易性、保水性比较好的砂浆粘贴。在操作时不应用力敲击砖面，避免受创再度产生隐伤，镶贴完之后

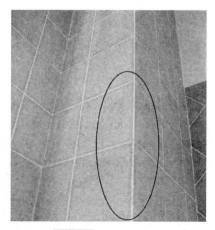

图 3-14　瓷砖有色差

随时将砖面上的砂浆擦洗干净，并清洗瓷砖缝隙内的残留砂浆。

3.3.1.4　分格留缝不均匀

（1）面砖尺寸偏差大　选购瓷砖时应比较瓷砖的规格尺寸，偏差太大的不予采购；到场的瓷砖在使用之前应当仔细挑选，如外形歪斜、边线不直的均应挑出，对于偏差比较大的应镶贴在边角部位或者用于切割的边砖，避免瓷砖本身质量问题造成排砖分格不匀、缝子不直。

（2）排砖分格不当（图 3-15）　施工之前应当根据设计图纸尺寸，核实结构实际偏差情况，安排面砖铺贴厚度和排砖模数，画出施工大样图。通常要求最上一排为整砖，横缝同窗台相平，竖向要求阳角窗口处为整砖，确定缝子大小做分格条及画出皮数杆。

（3）垛柱处理不当　垛柱处理时，应根据大样图尺寸，对窗垛、窗墙等处要测好中心线、水平分格线、阴阳角垂直线，对偏差比较大不符合要求的部位要先进行剔凿

或者抹补，以作为安装窗框、做窗台、腰线及留缝大小的依据，避免贴面砖时在这些部位出现分格缝不均，排砖不整齐等现象。

（4）施工操作不当　施工操作时应当保持面砖上口平直，贴完一排砖之后，须将上口灰刮平，不平处用薄片或者竹签等垫平，放上分格条再贴第二排砖。垂直缝应以底子灰弹线为准，随时核对、检查，铺贴后将缝隙灰浆随时清理干净。当设计为留缝工艺时，应当采用十字扣件调节砖缝（图3-16）。

图 3-15　排砖分格不当

图 3-16　用十字扣件调节瓷砖缝隙

3.3.1.5　其他通病

（1）墙砖不平整

① 基础抹灰不平整（图3-17）。瓷砖镶贴，特别是陶瓷锦砖镶贴，黏结层厚度小（3～4mm），对基层处理及抹灰质量要求很严格，比如基础面底灰表面平整稍有偏差，粘贴面层时就不易调整找平，产生表面不平整现象。若增加粘贴砂浆厚度来找平，除表面不易拍平外，还会由于黏结层自身收缩较大，造成表面不平整。

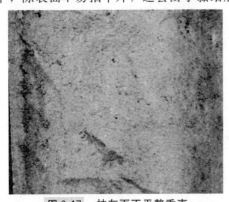

图 3-17　抹灰面不平整垂直

② 放线贴灰饼不够、控制点少。基层打完底之后用混合砂浆粘在面砖背后做灰饼、挂线，阴阳角上要双面挂直，灰饼的黏结层在10mm左右，间距不大于1.5m。要根据皮数杆在底子灰上从上到下弹若干水平线，在窗口处弹上垂直线，以作为贴成砖时控制标志。

（2）阴阳角不方正　墙砖阴阳角镶贴方正度不符合要求，主要是因为抹灰时没做好套方、找规矩所造成，其次是贴砖时的排版放样。在套方、找规矩时，以墙角抹灰厚度最薄小于7mm为原则。操作时应先抹上灰饼，再抹下灰饼。抹灰饼时应根据室内抹灰要求，将灰饼的正确位置确定，再用靠尺板找好垂直与平整。房间面积较大时应先在地上弹出十字中心线，然后根据基层面平整度弹出墙角线，再按地上弹出的墙角线往墙上翻引，将阴角两面墙上的墙面抹灰层厚度控制线弹出，以此做灰饼，然后根据灰饼充筋。

（3）填缝不均、不美观　美化镶贴工程的一个不可忽视的环节就是瓷砖填缝，填缝用材应按设计要求选择专用材料。填缝前首先应清理缝隙内的残留物，把搅拌成膏状的填缝剂嵌批入内。在未干前，用工具斜角度沿缝隙拖曳勾缝，以求缝隙均匀一致，最后进行填缝表面清理工作。

当条件允许，还能够进行美缝处理时，可将美缝剂装入胶枪中，缓缓用力将料均匀涂在缝中，涂好之后应用刮片（板）将缝中的料及时均匀地刮平。在刮平过程中如有料溢出缝外，暂不做理，由于美缝剂对瓷砖表面黏结较差，可以用半干抹布清除多余的缝剂。

（4）地面砖空鼓、起拱（图3-18）　地面砖空鼓、起拱现象多半会发生在春、夏季节气温较高时铺设的地面。主要是由于地砖与铺设砂浆层的膨线系数不同所引起，水泥砂浆、混凝土的线膨胀系数为（10～14）×10^{-6}/℃，而地砖的线膨胀系数是3×10^{-6}/℃，两者之间相差3～5倍。由此可见，铺设地砖的水泥砂浆配合比应合理，宜在1：3左右，水泥掺量不宜过大。地砖铺设时不宜拼缝过紧，应留一定的缝隙，四周同墙体间宜留5～8mm的空隙，留缝宽度应小于踢脚线的厚度。

图3-18　地砖起拱、空鼓、开裂

3.3.2　石材镶贴的质量通病与防治

3.3.2.1　石材开裂、边角缺损

（1）主要表现　墙柱顶、根部、垛、柱阳角等部位缺损；石材加工、运输隐伤或者石缝（石筋）隐伤部位开裂。

（2）原因分析　墙柱上、下部位板缝留缝不当，受压变形；材质局部分化，在运输过程中受伤；轻质墙体未进行加强处理，墙体自身开裂或者变异；灌浆不严实、施工不当等。

（3）防治措施　在石板背面刷涂树脂胶，贴纤维加强网。开孔时避免锤击。在运输过程中立向堆放。进场后应外观检查，对细小的开裂或者缺损用石材胶进行修补。尽量避免结构压缩变形对饰面石材面层的影响，墙、柱顶以及根部的板块宜留不小于5mm的缝隙，并用柔性密封胶嵌填。板块开裂、缺损不严重的，可以采用环氧基石材胶进行修补。

3.3.2.2　空鼓、脱落

（1）主要表现　石材板块在镶贴之后，会出现空鼓，并有可能伴随时间的推移逐渐扩大，严重时松动脱落。

（2）原因分析　基层或者基体底面处理不到位，粘贴或者砂浆强度不够、不饱满、稀薄干缩量大，板块钻孔时板边受伤，石材防护剂刷涂不当或者防护材料质量不过关等。

（3）防治措施　彻底清理基体、基层和石材背面并以水清洗，待干后在基面上刷界面处理剂。采用"加强型"聚合物干粉砂浆粘贴板块。板块边长小于40cm的可以采用粘贴法，边长大于 40cm 的应采用灌浆法（挂贴）进行镶贴。石材防护剂应当选择合格的产品。轻质墙体不应当作为石材面的基体。做好板缝间的防水处理工作。出现局部空鼓时，可以采用改性环氧树脂进行压力灌浆。

3.3.2.3　纹理不顺、色泽不均

（1）主要表现　板块间色差十分明显，个别板块还会出现明显的杂色斑点，花纹不通顺，横竖花纹变化大、杂乱无章等，如图 3-19 所示。

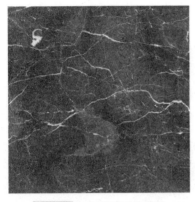

图 3-19　大理石网状开裂

（2）原因分析　表面被擦伤或着色处理，同一间或同一面墙的石材来自不同的取材点。

（3）防治措施　同一装饰间或者同一装饰面的石材应采自于同一矿山、同一采集面，以确保批量石材的外观、纹理色泽和物理性能基本一致。石材有所色差在所难免，在选材时应确定色差标准范围，加工过程中应分类编号。石材出厂后应当预拼、编号，要严把颜色关，使其最大限度地保持一致。石材进场后应予以复检，复检合格之后按图进行试拼，要求颜色变化自然，对于纹理上乘的要用于主要装饰部位，对有严重缺陷的应不予使用。同一间或者同一墙面色调和谐。

拼对花纹时，力求花饰对纹、通顺自然。

3.3.2.4　饰面不平整、接缝不顺直

（1）主要表现　大面积凹凸不平，相邻板块高低不平，石材板块间接缝大小不一。

（2）原因分析　石材加工设备落后或者现场加工，加工精度偏差。板块外形尺寸偏差比较大。板面异型，如弯曲、弧面。施工时未严格按工序施工，如未检查、挑选、试拼、编号及标线不准确或者间隔太大。密缝或干缝安装，无法通过板缝宽度适当调节板块加工制作的偏差。操作不当，若粘贴施工的墙面基层找平不平整，施工时灌浆不到位或者一次性灌浆过高等。

（3）防治措施　尽量避免现场加工，另外，加工设备应选择大型正规的加工生产厂家生产的先进设备。对墙面板块应进行专项设计。安装之前，按设计轴线距离弹出墙、柱中心线，板块分格线以及水平标高线。安装时，先做样板墙，通过确认后再大面积施工。灌浆之前应将基体表面和石材背面浇水湿润再分层灌浆，每层灌浆高度满足要求。

3.3.2.5　卫生间门槛镇边石渗漏

（1）主要表现　铺设砂浆层渗漏，木踢脚线、地板、乳胶漆、墙纸受潮、发霉。

（2）原因分析　镇边石两端未填实，防水刷涂不到位，施工工序颠倒，镇边石采用半干性砂浆铺设。

（3）防治措施　应严格按以下施工工序进行施工：清理→基础找平→铺设门槛石→刷防水涂料→铺设地面砖。其中铺设门槛镇边石必须采用水灰比大于 0.5 的湿性水泥砂浆，水泥：砂＝1:（1.5～2），镇边石两端和门洞口相连处的空隙用同比例砂浆嵌实，待干后刷防水涂料，门槛石砂浆铺设层与其他易渗漏的重点部位先刷一遍，再进行整体地面防水施工，施工时应严格按产品说明书进行施工，整体地面和门槛石铺设层砂浆防水同步进行。

参考文献

［1］　建设部干部学院. 镶贴工［M］. 武汉：华中科技大学出版社，2009.

［2］　《装饰装修镶贴工快速入门》编委会. 装饰装修镶贴工快速入门［M］. 北京：北京理工大学出版社，2008.

［3］　郭丽峰，张斌. 镶贴工［M］. 北京：中国铁道出版社，2012.

［4］　刘吉勋. 装饰镶贴工基本技能［M］. 北京：中国劳动社会保障出版社，2010.

［5］　住房和城乡建设部干部学院. 镶贴工［M］. 第二版. 武汉：华中科技大学出版社，2017.

［6］　邓宗国，章英慧. 装饰镶贴工［M］. 北京：中国建材工业出版社，2017.